装修预算不踩坑

阿进 著

U0291481

江苏凤凰科学技术出版社·南京

图书在版编目（CIP）数据

装修预算不踩坑 ／ 阿进著． -- 南京 ：江苏凤凰科
学技术出版社，2025．2． -- ISBN 978-7-5713-4826-7

Ⅰ．TU723.3

中国国家版本馆CIP数据核字第2025JX2626号

装修预算不踩坑

著　　　者	阿　进
项 目 策 划	凤凰空间/周明艳
责 任 编 辑	赵　研
责任设计编辑	蒋佳佳
特 约 编 辑	代文超

出 版 发 行	江苏凤凰科学技术出版社
出版社地址	南京市湖南路1号A楼，邮编：210009
出版社网址	http：//www.pspress.cn
总 经 销	天津凤凰空间文化传媒有限公司
总经销网址	http：//www.ifengspace.cn
印 刷	北京博海升彩色印刷有限公司

开 本	710mm×1000mm 1／16
印 张	8
字 数	120 000
版 次	2025年2月第1版
印 次	2025年2月第1次印刷

标 准 书 号	ISBN 978-7-5713-4826-7
定 价	49.80元

图书如有印装质量问题，可随时向销售部调换（电话：022-87893668）。

前言

在接到编辑约稿时，我的第一反应是高兴，但仔细一想，报价表的内容，我之前已经从两个角度写过近 2 万字的逐条解读了，已经没有什么可以再写的内容了。但是编辑老师说可以站在消费者避坑的角度展开，补充一些报价表的常见问题和避坑指南。这让我很受启发，我也愿意把自己从业 6 年审核了 1200 份装修报价表所积攒的经验分享给大家，于是便有了这本《装修预算不踩坑》。

本书共 12 章，第 1 章简述装修报价表的基础知识，并且引入"综合单价"的概念，方便大家比较价格并梳理出装修报价表中常见的"坑"。

在第 2 章到第 10 章中详细解读报价表的具体项目和避坑方法。

第 11 章和第 12 章是装修合同和设计合同的要点解读。我站在消费者的立场和角度，重新拟定了合同模板，里面还隐藏了不少有利于业主的条款。

市面上有很多关于室内设计、装修工艺和材料的书籍，而装修报价表相关的书籍却寥寥无几。在现实情况中，大多数业主的装修体验欠佳，原因可能有很多，没仔细看报价表和装修合同便是其中之一。如果在装修前，能把这本书仔细阅读两三遍，那么在装修施工时就会事半功倍，省时省钱省心。

装修不易，希望我能帮到你。

阿进

目录

第1章
装修报价表基础知识

提前了解，夯实基础

1.1 装修第一步——熟悉装修设计整体流程

装修可以大致分为三部分：设计、硬装、主材安装。

1. 设计

设计，是为整个装修规划蓝图。

设计可以再细分成五部分：测量—平面规划—风格设计—深化图纸—施工跟进。

设计流程及内容

设计流程	内容
测量	设计的基础，拿到房屋基础数据才能设计
平面规划	根据业主的需求，重新划分室内布局，搭建骨架
风格设计	根据业主的喜好，搭配色彩和确定选材，为房屋"穿衣打扮"
深化图纸	墙体拆除图、墙体新建图、完成面尺寸、平面布置图等
施工跟进	设计师只有跟进施工，才能确保设计落地，这一点经常被忽视。跟进施工是设计师最重要的价值所在，不跟进施工的设计师，设计方案终归是纸上谈兵

上面只是最简易的设计流程，根据业主的预算和需求，还可以选做灯光设计、智能家居设计、庭院设计等。

2. 硬装

硬装也叫基装，是指基础装修施工，主要分为拆除、新砌、给水排水、强弱电、木作、泥瓦、油漆、安装八个部分。

硬装流程及内容

硬装流程	内容	预算占比 （参考）	作用
拆除	拆除不需要的墙体、瓷砖、地板、旧家具等	8%	重新搭建房屋内部的骨架
新砌	按照设计图纸，新砌墙体，别墅和 Loft 等复式房屋可能涉及浇筑楼板	8%	

硬装流程	内容	预算占比（参考）	作用
水（给水排水）	给水排水改造的简称。给水是指进水管，如总进水管、冷水管、热水管等；排水是指排水管，或叫下水管，如坐便器下水管、洗衣机下水管、水槽下水管等	28%	满足基础功能性的改造
电（强弱电）	强弱电改造的简称。强电是指负责供电的电路，家装常见的就是 220 V 电路。弱电是指负责信息传输的电路，如网线、音频线、视频线、电话线、光纤等		
木（木作）	木作的简称。以前木作主要是木工打柜子，现在大家选择厂家生产的定制柜多了，木工手打的柜子少了。现在木作主要包括石膏板吊顶、窗帘盒制作、木工板基层打底等	14%	
瓦（泥瓦）	泥瓦工程的简称。涉及水泥相关的装修，如水泥砂浆找平、瓷砖铺贴、防水砂浆等，都在泥瓦工程阶段完成	25%	
油（油漆）	油漆工程的简称。以前用油漆多，这个环节就简称为"油"。即使现在多选用乳胶漆，"水电木瓦油"叫顺口了，也没有改。油工，主要做腻子批嵌、乳胶漆滚刷或喷涂	15%	
安装	安装开关、插座、灯具、花洒、水龙头、水槽、坐便器、卫浴、五金等。一般在完工前，水电工再次回到工地安装	2%	

3. 主材安装

不仅硬装施工有顺序，主材安装也有顺序。

一般主材安装，可大致遵循两个原则：原则一，先安装里面的，再安装外面的；原则二，先安装灰大的，再安装灰小的。

先安装里面的，再安装外面的

从材料的收口，即各种主材交接的接缝处考虑，如果主材 A 会被主材 B 压住、遮住的话，那么应该先安装主材 A，再安装主材 B。

比如,定制的衣柜会放在地板上面,那么安装顺序应是先安装地板,再安装衣柜。这样,衣柜和地板交界处会显得自然、好看。

先安装灰大的,再安装灰小的

这是从打扫卫生的角度考虑的。比如地板、全屋定制、木门、橱柜、石材台面等主材,都会在工地现场切割,或多或少会有灰尘,应该先安装。而不需要现场切割的家电、淋浴房、坐便器、花洒、家具、窗帘等成品主材,可后续安装。这样可以极大地减少打扫的卫生工作量。

安装的流程和内容

安装流程	内容
地面	地板、瓷砖等安装
墙面	室内门安装
定制家具	橱柜、全屋定制、浴室柜安装
家电	抽油烟机、灶具、洗碗机、蒸箱、烤箱、洗衣机、烘干机、冰箱、电视等安装
洁具	淋浴房、坐便器、花洒等安装
水电等杂项	开关、插座、水龙头、卫浴、五金、灯具等安装
开荒保洁	这个阶段,主材已经安装完毕,可以进行开荒保洁。保洁重点是清理明显的灰尘和垃圾,如硬装阶段留下的砂浆、腻子,主材安装产生的灰尘等。等待成品家具和软装布置
成品家具、软装布置	餐桌、餐椅、茶几、沙发、床、床垫、床头柜、窗帘、挂画、绿植、摆件、饰品等布置
精细保洁	入住前,做精细保洁,会比开荒保洁的范围更大,效果更好

1.2 选择适合的装修方式

装修方式可以分为四类：整装、全包、半包、清包。

装修方式和内容

装修方式	内容	特点
整装	所有事情都交给装修公司负责，业主只需要搬家入住即可	直接拎包入住
全包	装修公司将家中不可移动的部分全都装完，比如地板、瓷砖、室内门、淋浴房、橱柜、全屋定制、浴室柜、坐便器、花洒等	自己购买家电和成品家具
半包	将拆除、新砌、水、电、木、瓦、油等硬装项目交给装修公司完成。业主需要购买地板、瓷砖、室内门、淋浴房、橱柜、全屋定制、浴室柜、坐便器、花洒等主材，以及家电和成品家具	自己购买家具、家电和地板、瓷砖等主材
清包	业主自己做项目经理或包工头负责装修的所有事项，需要自己找各工种的工人，还要购买黄砂、水泥、水管、电线等辅材。 一般情况下，不建议清包。清包需要业主拥有快速学习设计、施工、材料等方面知识的能力，以及有超强的项目管理能力和善于协调沟通的能力。如果是时间充裕、预算控制严格的业主，可以考虑清包	需业主有足够的时间和装修知识，能与各个工种的工人沟通

1. 全包或整装，适合想省事的业主吗？

不适合，当前的装修行业大环境，选择全包或整装的业主实际并不会省事省心。原因有两点：一是有些打着"全包"和"整装"名头的装修公司，还是采用半包的模式，只是想换个方式扩大销售额；二是有部分装修公司不仅没有做到协调供应商安装主材，还有可能将已收取到的更多货款作为筹码，做更多的恶意增项等。

2. 推荐半包

说实话，有很大一部分装修公司和装修队，不仅施工水平差，还存在恶意增项的现象。

因此，建议业主选择半包时分三次或四次付款，万一遇到不良装修公司，至少业主还有尾款压在手里，相对全包而言会有一定的主动权。

如果发现装修公司不靠谱，则需要及时止损（终止装修，但比较难找到其他装修公司接手）。或者忍过硬装这一阶段，到主材安装阶段情况就好很多了。

另外，即使半包的硬装顺利完成，业主还需要协调主材安装。协调各个主材的安装时间时注意要分批安装，排班不要太紧凑，要留下容错时间，避免因一环"掉链子"而打乱整个安装节奏。

1.3　装修报价越规范，施工越顺畅

1. 装修报价表的内容

一份规范的报价表，应该包含哪些内容？

（1）主材的品牌、型号、规格、环保等级、工艺说明和升级费用等。

（2）辅材的品牌、型号、规格、环保等级、工艺说明和升级费用等。

只有明确了品牌和型号，施工时验收材料才有核对的标准。详细的报价表可以作为材料验收清单。

 规格

最好提前明确规格。因为有部分材料规格不同，价格也不同，比如水管，四分和六分规格的，对应价格是不同的。明确规格可避免价格混乱问题。

环保等级

各类黏合剂、乳胶漆、板材等必须写清楚环保等级。

目前大家都注重主材的环保等级，但藏在墙里面的辅材环保等级经常被忽视。实际上辅材用量也不少，其环保等级也很重要。

 工艺说明

工艺说明，是为了避免因工艺模糊而产生纠纷。报价表中明确了工艺，还能在寻求业内人士审核报价表时，判断该公司施工水平的高低。

 升级费用

建议提前写出升级费用，避免在施工结算时被施工方漫天要价。很多升级费用都在报价表说明的一整页小字中，需要仔细审查才能避坑。

2. 注意工程量和损耗

 明确工程量

报价表上写清楚工程量，这在一定程度上可以约束施工方以增加工程量来增项。

有些工程量为"0"的项目是没有计算费用的。这是合理的做法，因为有很多项目，需要到施工时才能确定工程量。可先把这部分不确定项目的报价写出来，但是不写工程量，以便后续增项有依可寻，有据可查。需要注意的是不要以为报价表上写了工程项目，就是要做这个项目，需要看工程量是否为"0"。

 注意损耗

一般主材和辅材都是有损耗的，人工费没有损耗。但是很多报价表都会把人工费计入损耗中，这样就可以直接把损耗当成项目价格的提升参数。有个别报价表，虽然各项费用单价是正常的，但需注意是否有通过损耗来提高价格的现象。

3. 装修报价表的表头内容

 单位

施工项目的计价单位，一般是米、平方米、个、项等。需要注意部分项目可能会出现"米"和"平方米"的不同报价，比如美缝，按"米"计算会比按"平方米"计算的单价更便宜，但是总价不一定便宜。

工程量（数量）

大多数项目的工程量都可以通过图纸计算，而水管和电线这类按"米"计算，水电图纸一般是不会体现出实际布线路径的，或者施工方不按水电图纸布线。因此，水电的工程量容易出现增项，且后期很难核查，需要把电线抽出来计算；如果抽出来电线长度和工长增项是一样的话，业主还要自己掏腰包，再把线穿回去，相当于三分之一的水电项目都返工了。

 损耗

指施工中无法利用的主材和辅材边角料的占比。注意，材料可以计算损耗，而人工费不应该计算损耗。

 主材

指施工项目的主要材料，即可以直接使用的材料，如石膏板、电线、瓷砖等。注意需标明品牌、型号、规格、环保等级、工艺说明和升级费用等。

 辅材

指施工项目的辅助材料，即需要调和或加工后使用的材料，如水泥、黄砂、螺丝、胶带、连接材料等。注意需标明品牌、型号、规格、环保等级、工艺说明和升级费用等。

 主辅合价

指主材和辅材在这个项目的总价。主辅合价 = 工程量 ×（1+ 损耗率）×（主材单价 + 辅材单价）。

 人工费用合价

指在这个项目工人施工的总价。人工费用合价 = 工程量 × 人工单价。

 总价

指这个项目的整体价格。总价 = 主辅合价 + 人工费用合价。

 综合单价

指该项目的总单价，包含主材单价、辅材单价和人工单价。综合单价 = 总价 ÷ 工程量，或者是，综合单价 =（1+ 损耗率）×（主材单价 + 辅材单价）+ 人工单价。第一种算法更准确些，因为有些报价表会把人工单价也加上损耗率来计算价格。

"综合单价"是为了方便大家比较不同公司报价表引入的比价指标，一般报价表没有这一项。引入"综合单价"比价指标的原因有以下两点：

① 出现预算价格比实际价格低的情况

虽然像水泥、黄砂、电线等材料，大家都公认是辅材，但是在有些报价表中，会把水泥算为辅材，把电线算为主材，等等。单纯比较报价表的辅材单价和人工单价，可能会出现预算表部分项目的价格比实际价格低的误判。

② 合理比较总单价

可能有些报价表中主材费用高，有些辅材费用高，或者有些是人工费用高。所以，引入"综合单价"这一比价指标，可以在不同报价方式中，把损耗计算进去，还可以忽略主材、辅材、人工的差价，合理地比较该项目的总单价。另外，本书所提供的报价表参考价格均为综合单价。

1.4 报价中常见"坑"的类型

1. 使用建筑胶水——基础装修中最大的甲醛来源

依据《建设部推广应用和限制禁止使用技术》（建设部第218号公告）：聚乙烯醇缩甲醛类胶黏剂，不得用于医院、老年建筑、幼儿园、学校教室等民用建筑的室内装饰装修工程。

建筑胶水一般是107、803、801建筑胶水，这类胶水都属于聚乙烯醇缩甲醛类胶，是由聚乙烯醇与甲醛在酸性介质中经缩聚反应，再经氨基化后而制得的，制备过程中含有未反应的甲醛。所以，国家机构已经明令禁止和限制建筑胶水的使用范围。

现在行业产品完善了，都有对应的更环保、性能更好的产品替代这些建筑胶水。

普遍使用建筑胶水的项目

项目	反例	替换方式
常规使用	石膏板、基层打底、墙面网布处理、护角条粘结、石膏线安装等	替换成环保等级高的 PU 白胶等胶水，需要注明材料的环保等级
用作界面剂	墙面封胶打底、地面封胶打底、拉毛处理等	替换成环保等级高的成品界面剂，如墙固、地固、混凝土界面剂等，需要注明环保等级
需要铺贴	铺贴石材、瓷砖的水泥中掺加建筑胶水	替换成使用瓷砖黏合剂（瓷砖胶）
腻子批嵌	自调腻子掺加建筑胶水	替换成环保等级高的成品腻子，需要注明环保等级

2. 材料品牌、型号模糊

 施工时材料差，需要升级

很多报价表都不写型号，甚至不写品牌。使用低端品牌的产品，施工时说此产品需要升级，这是常见的增项手段。或者施工方要求业主升级材料，这也是一种常见的增加费用的操作。

即便水泥也都有品牌和强度等级，黄砂也分河砂和海砂，大理石有花色和产地之分，不应出现品牌、型号、规格、产地等都没有的材料。

 解决方法——标明材料品牌、型号等

所有材料都需要写上品牌、型号、规格、环保等级或花色，比如 PU 白胶等各类胶水、各类界面剂、粉刷石膏、成品腻子、大理石等。特别是建筑胶水的替代品，必须写明环保等级。

3. 报价不全

 施工工艺不明确，升级项目的费用不清

除了材料需要写清楚，具体施工工艺、升级工艺也需要写明。因为有些工艺算作高级工艺，需要加钱。

比如水泥砂浆找平中超出厚度怎么收费，垃圾清运和材料搬运中无电梯和超出距离怎么收费，下沉式卫生间回填中各种回填材料的价格，水泥砂浆找平中垂直平（冲筋打点）

的价格，瓷砖铺贴中地砖上墙、各种规格瓷砖的铺贴费用、各种铺法费用、黏合剂费用，网布费用、护角条费用，乳胶漆涂刷中深色漆、喷涂费用等。

解决方法——项目费用全部列入报价表中

需要注意容易产生报价不全的项目，要把这些项目的升级费用都列入报价表中。这一点很难，相当于业主自己要做全面的避坑防护，但没有其他更好的方法。

4. 工程量少报、虚报

很多装修公司习惯用低价引导业主签单。等到实际施工时，会通过增项把费用加回来。如果业主不付钱，就停工等，损失的是业主的房租和房贷等，施工方没有损失，完全耗得起。水电项目是工程量少报的重灾区，即使写了"按实结算"的项目，也都需要留意，以防虚报。

解决方法——改为一口价

需要请专业人士帮忙审核报价，并改为一口价。水电项目可写上"图纸没有改动，水电项目增项不超过 5%"或"水电工程为一口价打包，增、减项目都不加钱、减钱"。"按实结算"的项目，统一算出工程量后写明。如果做不到，就直接排除这家装修公司。本书第 5 章会有具体的避坑措施。

5. 重复报价

报价两次项目

重复报价，一般是把联系紧密、同时或前后关联施工的项目拆开，报两次价，算两次钱；或是把同一个项目换成不同名称，收两次钱。比如铲除水泥砂浆和铲腻子，垃圾内运和垃圾打包，水电开槽和封槽，打洞和发泡胶补洞，PVC 水管和下水管安装，灯盒（八角盒）和阻燃软管安装，强电箱安装和断路器、空气开关整理排布等。

解决方法——自己研究装修施工

重复报价是比较难发现的，因为不知道装修公司会怎么拆项。要么自己钻研装修施工，要么请专业人士帮忙审核。

6. 缺项漏项

做低报价以便签单，施工时再增项

缺项漏项，是指报价表漏报了必做项目。比如网布，很多工长施工时说不做网布，墙面不质保。这说明，在工长眼中网布就是必做项，但是签合同时报价中不报网布的价格，就是为了做低报价，为了签单，后面再增项。

解决方法——请专业人士审核

如果只是漏报网布，还是比较好发现的。但是我见过有些报价表中是不包含乳胶漆底漆涂刷的，正常乳胶漆涂刷包含一次底漆和两次面漆的涂刷。这种是懂点儿装修的人都知道的项目，应多加注意。这类项目也是要么自己钻研装修施工，要么请专业人士帮忙审核。

7. 减项漏算

结算时，漏算没做的项目

这其实也是容易被忽略的点。业主以为报价表审核完就可以了，容易掉以轻心。项目结算也需要拿出看报价表的认真态度，有些项目在实际施工中不一定会做，这类减项需要记得在结算时扣除费用。

解决方法——做一项，划一项

拿着报价表，做一项划掉一项，和在餐厅吃饭上菜品一样，划掉已上的菜品。

第 2 章

拆除项目要点及报价表解读

拆除不是简单事，用心预算可省钱

墙体拆除的参考报价

项目	单位	使用工具	综合单价 （含主材、辅材和 人工费、损耗）	工艺说明	注意事项
单砖墙拆除	平方米	切割机、大锤、电镐、铁锹	80 元 / 平方米	非承重墙，不足 6 平方米的按 6 平方米计算。施工工艺：用切割机、大锤和电镐拆除墙体→垃圾装袋打包	单砖墙拆除单价高
双砖墙拆除	平方米	切割机、大锤、电镐、铁锹	100~120 元 / 平方米	非承重墙，不足 6 平方米的按 6 平方米计算。施工工艺：用切割机、大锤和电镐拆除墙体→垃圾装袋打包	需要判断是不是承重墙
混凝土墙切割拆除	平方米	静力切割机、大锤、电镐、铁锹	100~120 元 / 平方米	非承重墙，按静力切割机行动路线计算，不足 6 平方米的按 6 平方米计算。施工工艺：静力切割机切割墙体→人工拆除墙体→垃圾装袋打包	
开门洞	扇	切割机、大锤、电镐、铁锹	400~600 元 / 扇	按拆墙体的计算方式计算。施工工艺：人工拆除墙体→垃圾装袋打包	—

1. 单砖墙拆除——普通墙体

这里的单砖墙是指厚度不大于 150 毫米的墙体。厚度为 120 毫米的轻质砌块墙也可以叫单砖墙。

单砖墙拆除，参考综合单价（含主材、辅材和人工费、损耗）：80 元 / 平方米。

2. 双砖墙拆除——加厚墙体

双砖墙与单砖墙不同，厚度有差别，双砖墙厚度在 150~300 毫米。

双砖墙拆除，参考综合单价（含主材、辅材和人工费、损耗）：100~120 元 / 平方米。

3. 混凝土墙切割拆除——更难切的墙体

混凝土比砖墙更坚固，加入钢筋，就是承重墙的组成成分。更坚固，也意味着更难拆除，需要使用静力切割机切割。

混凝土墙拆除参考综合单价（含主材、辅材和人工费、损耗）：100~120 元 / 平方米。

小贴士

①禁止拆除承重墙

有些混凝土墙虽不是承重墙，但是拆除之前，也需要咨询物业是否能拆。贸然拆错的话，后果不堪设想。

②注意有些双砖墙不可拆除

如果有些老房子的承重墙不是钢筋混凝土建造的，那么双砖墙就很可能是承重墙，这种双砖墙也是不能拆除的。

③注意拆除墙体单价

有些报价表会把拆单砖墙单价报高，把拆双砖墙和混凝土墙的单价报低。而实际上，单砖墙拆除项目面积大，单价一高，结算费用就贵了。这"坑"是工程量少的单价报价低，工程量多的单价报价高。

2.2 墙面基层铲除——看墙面情况，确定铲到哪层

墙面基层铲除的参考报价

项目	单位	使用工具	综合单价（含主材、辅材和人工费、损耗）	工艺说明	注意事项
腻子铲除	平方米	铲刀、扫把	10 元 / 平方米	清理原墙面表面→墙面滚水 2~3 遍→静置 10 分钟→用铲刀铲除腻子→表面清理。 要求：毛坯房需见原水泥面 80% 以上；二手房各墙面原腻子的牢固程度不一样，按照 1 平方米内 50% 见水泥底层标准，开裂起皮有过漏水部位，必须 80% 见水泥层	—
水泥层铲除	平方米	电镐、铁锹	25 元 / 平方米	铲除水泥层，直到看见砖墙或混凝土墙。包含铲腻子、保温层、地暖管等费用。 施工工艺：电镐铲除水泥层和腻子层→表面清理	和铲腻子重复报价，老房子不报水泥层铲除费用

1. 墙面情况较好——铲除腻子层

腻子铲除，也就是铲墙皮，铲到见水泥层为止。腻子铲除，参考综合单价（含主材、辅材和人工费、损耗）：10 元 / 平方米。

2. 墙面情况较差——铲除水泥层

当墙面情况较差，也就是墙壁有空鼓时，需要铲除水泥层，铲到看见砖墙为止。水泥铲除，参考综合单价（含主材、辅材和人工费、损耗）：25 元 / 平方米。

①铲除水泥层时，报价表中包含腻子铲除费用

铲除水泥层时，综合单价是包括腻子铲除费用的。如果腻子铲除和水泥铲除分开报价，两项加在一起超过 25 元 / 平方米，则是故意重复报价。

②老房墙体铲除，需根据现场情况

若是超过 20 年房龄的老房，那么水泥层大概率是空鼓了，而装修公司经常漏报水泥层铲除费用。这种情况就需要让装修公司先去看现场，如果需要铲除水泥层，则要在报价单中加进铲除水泥层费用。

2.3 瓷砖敲除——敲墙砖、砸地砖一个价

瓷砖敲除的参考报价

项目	单位	使用工具	综合单价 （含主材、辅材和 人工费、损耗）	工艺说明
墙砖敲除	平方米	大锤、电镐、铁锹	35~40 元 / 平方米	
地砖敲除	平方米	大锤、电镐、铁锹	35~40 元 / 平方米	电镐和大锤拆除瓷砖 →表面清理
瓷砖敲除	间	大锤、电镐、铁锹	800 元 / 间	

1. 墙砖、地砖敲除分开报价

为了方便计算，地砖和墙砖敲除会分开报价，但是这两项的综合单价是一样的。其参考综合单价（含主材、辅材和人工费、损耗）：35~40 元 / 平方米。

2. 瓷砖敲除可按房间数计算

按房间数计算，比较报价时需要折算成综合单价。比如，敲除瓷砖按 800 元一间计算，需大致计算出自家有瓷砖的房间面积大约多少平方米。以卫生间宽 1 米、长 3 米、高 2.4 米、门洞宽 0.8 米、高 2 米为例来计算：地面面积为 3 平方米，墙面面积为 17.6 平方米 [（1+3）×2×2.4 - 0.8×2=17.6]，需减去门洞的面积，因门洞不需要贴瓷砖，所以总共是 20.6 平方米。用总价除以瓷砖总面积，得到综合单价进行比较。

列式计算：800÷20.6 ≈ 38.8（元 / 平方米）

2.4 地面敲除——净高不够，地面来凑

地面敲除的参考报价

项目	单位	使用工具	综合单价（含主材、辅材和人工费、损耗）	工艺说明	注意事项
地面敲除	平方米	大锤、电镐、铁锹	30~40 元 / 平方米	使用工具敲除地面水泥→表面清理	—
拆除后水泥修粉	平方米	水泥、黄砂	50~65 元 / 平方米	铲除水泥层，直到看见砖墙或混凝土墙。包含铲腻子、保温层、地暖管等费用。施工工艺：电镐铲除水泥层和腻子层→表面清理	报价不全，超厚怎么收费
拆除后水泥修粉（不含地面找平）	项	水泥、黄砂	1000 元 / 项		

1. 铺地暖、增加净高，需敲除地坪

一般情况是不会砸地面的。除非要铺地暖，或者增加净高，才会涉及地面敲除。地面敲除参考综合单价（含主材、辅材和人工费、损耗）：30~40 元 / 平方米。

2. 使用水泥修粉——修补水泥层

敲除地面后，还需要再加上水泥修粉，按修粉的实际面积计算。拆除后水泥修粉，参考综合单价（含主材、辅材和人工费、损耗）：50~65 元 / 平方米。

拆除门、窗、瓷砖都需要用水泥修粉，可以按面积计算，也可以整体打包计算，即把所有拆除后的零散修粉的地方，都算为一项。如果是 100 平方米（三室一厅）的房子，多数 1000 元以内能搞定（不含地面找平）。当然也可以按修粉面积具体计算，只是比较麻烦。

很多报价表中，会把拆除后的修粉和拆除排序在一起，本书也这样排序。好处是不会产生漏项。在实际装修中，这是两个工种做的，拆除地面是拆除工人做，修粉是泥瓦工人做的。

小贴士

①对水泥修粉厚度有要求

对修粉的水泥层有厚度要求，一般报价表中是针对厚度在 3 厘米以内的，超出的话需要加钱。需要让装修公司在报价表中备注清楚超出后怎么计算，避免后续出现水泥修粉厚度增加的情况。

②只要拆除水泥层，就需要用水泥修粉

只要是拆除了水泥层，就需要水泥修粉。有些报价表中会出现不报水泥修粉的情况，这是缺项漏项的"坑"。

③门洞修粉，按扇计算和按面积计算对比

门洞按扇计算，需要计算出门洞三边的总长度（米），不包含地面边的长度；乘以墙体的厚度（米），得出门洞修粉面积。

例如宽 0.8 米、高 2 米的门洞，厚 0.2 米的墙体，修粉面积 =（0.8+2+2）×0.2=0.96 平方米。这里报价 90 元，综合单价为 93.75 元 / 平方米，就高了。

2.5 内嵌踢脚线——有些算在拆除中，有些算在水电中

内嵌隐形踢脚线的参考报价

项目	单位	使用工具	综合单价（含主材、辅材和人工费、损耗）	工艺说明	注意事项
内嵌隐形踢脚线开槽	米	切割机、电镐	20~30 元 / 米	用切割机和电镐开槽→垃圾装袋打包	—
内嵌隐形踢脚线安装	米	板材打底、黏合剂、钉子	10~15 元 / 米	根据踢脚线类型，安装方式会有不同，所需材料也不同	减项漏算

1. 内嵌踢脚线开槽

内嵌踢脚线开槽，有些算在拆除工程中，有些算在水电开槽工程中。本书将其放在拆除工程中。参考综合单价（含主材、辅材和人工费、损耗）：20~30 元 / 米。

2. 内嵌踢脚线安装

内嵌踢脚线安装，参考综合单价（含主材、辅材和人工费、损耗）：10~15 元 / 米。

> **小贴士**
>
> **注意踢脚线安装费用**
> 有些踢脚线是踢脚线商家来安装，已经包含了安装的费用，最后结算时，记得做减项。这是减项漏算的"坑"。

2.6 拆除木制品——木制品可以回收

拆除木制品的参考报价

项目	单位	使用工具	综合单价（含主材、辅材和人工费、损耗）	工艺说明	注意事项
地板	平方米	撬棍	复合地板 10 元/平方米；实木地板 30 元/平方米，包含地龙骨拆除	撬棍拆除踢脚线→撬棍拆除地板→撬棍拆除地板龙骨→垃圾装袋打包	实木地板可以找地板商回收
木门	扇	螺丝刀、撬棍	50 元/扇	螺丝刀卸下门扇→撬棍拆除门套→垃圾装袋打包	—
固定木制品	项	螺丝刀、撬棍	1000~1500 元/项	包含定制柜、橱柜、吊顶等所有固定木制品拆除；卧室数量在 3 间以内。撬棍拆除木制品→垃圾装袋打包。施工工艺：螺丝刀卸下可活动的门板和抽屉等→撬棍拆除固定木制品→垃圾装袋打包	—
整体打包计算	间	螺丝刀、撬棍	400 元/间	原有木地板、木门、装饰柜、吊顶等所有木制品拆除，不包含拆窗和进户门。施工工艺：螺丝刀卸下可活动的门板和抽屉等→撬棍拆除固定木制品→垃圾装袋打包	—

1. 地板拆除——能回收的木制品

复合地板拆除，参考综合单价（含主材、辅材和人工费、损耗）：10 元/平方米。

实木地板拆除（含地龙骨拆除），参考综合单价（含主材、辅材和人工费、损耗）：30 元/平方米。

木地板可回收

如果地板是柚木或较名贵木材，这类实木地板是可以找地板回收商回收的，也能省下几百元。

如果是三层实木地板或强化地板的话，一般没人回收。

2. 木门——有可能回收的木制品

木门拆除，参考综合单价（含主材、辅材和人工费、损耗）：50 元 / 扇。

3. 固定木制品——不可回收的木制品

固定木制品（柜体、吊顶、木制墙体等），参考综合单价（含主材、辅材和人工费、损耗）：1000~1500 元 / 项。

4. 所有木制品拆除打包报价

一般报价表是按间计算，或者是整体打包计算。其实看到"400 元 / 间"时，就会想到拆除木制品按平方米算，业主不划算；打包按项算，好像还有点贵；按间计算，就实惠很多。所以，拆除木制品建议按间讲价。

2.7 垃圾清运——垃圾内运和垃圾外运

垃圾清运的参考报价

项目	单位	使用工具	综合单价 （含主材、辅材和 人工费、损耗）	工艺说明	注意事项
垃圾内运	平方米	垃圾袋、铁锹、扫把	有的物业收垃圾打包费3元/平方米；运输范围平面直线距离150米以内：有电梯的，8元/平方米；无电梯的，10元/平方米，超过二楼每层递增100元人工补贴或增加1元/平方米	装入垃圾袋打包	实木地板可以找地板商回收
垃圾打包	平方米	—	—	将拆旧垃圾装入垃圾袋打包	和垃圾内运重复报价

1. 垃圾内运——工地到小区

垃圾内运，就是从自己家运到小区建筑垃圾堆放点。垃圾内运，参考综合单价（含主材、辅材和人工费、损耗）：8~10元/平方米，包含垃圾打包费用。

小贴士

①注意价格

有些施工方会把垃圾打包和垃圾内运分开报价。如果加起来的费用是合理的价格，就属于正常报价。如果加起来价格高了，就属于重复报价。

②结合实际情况，综合加价

这里需要结合自己家的房屋情况——是电梯还是楼梯，住在几楼，与物业制定的堆放点的距离，这些项目需要加多少钱。这里很容易出现报价不全。

2. 垃圾外运——从小区到垃圾场

垃圾外运，是因为平时的垃圾车只收生活垃圾，不收建筑垃圾。建筑垃圾外运，需要找专门的垃圾车拉走。一般情况下，垃圾外运是通过物业来找的。如果装修公司能提供垃圾外运服务，可以和物业比较价格，通常是对比一辆垃圾清运车的费用。

有些报价表会把垃圾清运放在拆除工程里面一起报，也有的报价会把垃圾清运放在其他费用里。

专栏 1

拆除项目中省钱和避坑要点

省钱——拆除项目可以选打包价

因为拆除只涉及人工费用，材料和工艺要求很低——拆干净、别乱拆，故可以把所有拆除的项目谈个打包价。一般来说，按打包价计算，会比拆开的明细报价更划算些。

省钱——木地板可回收

实木地板是可以回收的，回收价为 10~50 元 / 平方米。

避坑——重复报价

腻子铲除和水泥层铲除，垃圾内运和垃圾打包。

避坑——报价不全

未写明拆除后水泥修粉后续增加厚度的价格，未写明各种情况的垃圾内运收费标准。

避坑——减项漏算

内嵌隐形踢脚线安装。

避坑——工程量问题

工程量少的单价低，工程量多的单价高。

第 3 章

新砌墙体项目要点及报价表解读

户型优化，新砌墙体是关键

新砌墙体的参考报价

项目	单位	涉及的材料	综合单价（含主材、辅材和人工费、损耗）	工艺说明	注意事项
单砖墙（墙体厚度不大于120毫米）	平方米	轻质砌块、水泥、黄砂	160元/平方米	人工清理原地面表面→材料预排→参考线放样→砖体洒水湿润→接触新墙的原水泥层凿除→水泥砂浆搅拌→砌墙→表面清理→洒水养护	新砌单砖墙单价高，新砌双砖墙单价低；不包含新老墙体结合处理
双砖墙（墙体厚度为150~300毫米）	平方米	轻质砌块、水泥、黄砂	200~230元/平方米		
薄墙	平方米	轻质砌块、水泥、黄砂	120元/平方米		不包含新老墙体结合处理
新砌墙植筋挂网	平方米	植筋胶、6分钢筋、钢丝网	30~40元/米	铲除新老墙体衔接处宽10厘米粉刷层→挂钢丝网→水泥砂浆粉刷；每隔50厘米高度，植入1根钢筋；6分钢筋总长度大于或等于70厘米时，插入老墙体10厘米以上，并用植筋胶固定。12厘米厚墙体放1根钢筋，24厘米厚墙体放2根钢筋	—
新砌墙体水泥砂浆粉刷	平方米	水泥、黄砂	厚度不大于4厘米的，50~65元/平方米；每超出1厘米按照10元/平方米计算	清理基层→参考线放样→水泥砂浆搅拌→润湿表面→按要求进行粉平→阴阳角塑形找直→表面清理→表面收光→养护	工程量少报，报价不全：超厚怎么收费，缺项漏项
新砌单面石膏板隔墙	平方米	石膏板、嵌缝膏、牛皮纸、白乳胶、膨胀螺丝、自攻螺丝、防锈漆	160元/平方米	材料预排→参考线放样→轻钢龙骨安装固定→局部板材板衬底→石膏板安装	—
新砌双面石膏板隔墙	平方米	石膏板、嵌缝膏、牛皮纸、白乳胶、膨胀螺丝、自攻螺丝、防锈漆	200元/平方米	材料预排→参考线放样→轻钢龙骨安装固定→局部板材板衬底→石膏板安装	—

1. 单砖墙

单砖墙

单砖墙的主材是轻质砌块，辅材是黄砂和水泥。新砌单砖墙，参考综合单价（含主材、辅材和人工费、损耗）：160元/平方米，不包含新墙面的水泥砂浆粉刷。

2. 双砖墙

双砖墙的主材是轻质砌块，辅材是黄砂和水泥。新砌双砖墙，参考综合单价（含主材、辅材和人工费、损耗）：200~230元/平方米。

为什么装修公司喜欢提高单砖墙的价格呢？因为在装修中，单砖墙比较难砌，其工程量较大。就单砖墙一个项目提价，可能就是大几千元。装修公司的报价表，经常提高工程量多的项目单价，其他工程量少的项目单价与市场价持平。这就给人一种错觉，这家装修公司大多数价格还挺合理的，实际总价还是比较贵。这是工程量少项目的单价报价低，工程量多的项目单价报价高的"坑"。

3. 薄墙

薄墙和单砖墙，也只是厚度的不同。薄墙一般是6厘米的厚度，薄墙用在衣柜背面，比单砖墙薄约6厘米，大大增加了衣柜的深度。新砌薄墙，参考综合单价（含主材、辅材和人工费、损耗）：120元/平方米。

不过很多装修公司不会给薄墙单独报价，直接将薄墙算在单砖墙的范围内，也是可以接受的。因为薄墙用于节约室内的面积，一般不会有太多的工程量；加上薄墙要砌得垂直，工程难度加大。所以，薄墙面积过多的话，这个项目可以谈谈价格。

4. 植筋挂网

新老墙体交界处，需要植入钢筋相连，新墙体才有固定点；新老墙体挂上铁丝网是防开裂的。

植筋挂网，参考综合单价（含主材、辅材和人工费、损耗）：30~40元/平方米。

植筋挂网

5. 新砌墙体水泥砂浆粉刷

新砌墙体的水泥砂浆粉刷和拆除后的墙体水泥砂浆粉刷，价格一样，参考综合单价（含主材、辅材和人工费、损耗）：50~65元/平方米。

注意：一般墙体两面都要做水泥砂浆粉刷，所以新砌墙体水泥砂浆粉刷的工程量是新砌墙体的两倍。这是正常的，并没有虚报工程量。

6. 新做石膏板隔墙

单面石膏板隔墙

薄墙还有一种做法是用石膏板做隔墙。新做单面石膏板隔墙，参考综合单价（含主材、辅材和人工费、损耗）：160元/平方米。通常，做单面石膏板的隔墙比较少。

双面石膏板隔墙

双面石膏板隔墙使用广泛。新做双面石膏板隔墙，参考综合单价（含主材、辅材和人工费、损耗）：200元/平方米。

石膏板隔墙的报价都是归在木工项目里面，和吊顶一起报价的。本书把这部分内容放在本小节，将所有墙体的内容集中在一起，方便业主选择和比较。

①不能把新砌墙体面积和粉刷面积混成一项

把新砌墙体粉刷面积和新砌墙体面积的数量算成一样的话，就少了水泥砂浆粉刷的面积。这是少报工程量的"坑"。

②明确超出工作量的计算方式

业主应要求装修公司在报价表中备注清楚超出后怎么计算，避免后续有水泥修粉厚度增加的情况，价格不清晰。

③只要有新砌墙体，就有水泥砂浆粉刷

要提防缺项漏项。有些报价是将新砌墙和双面水泥砂浆粉刷作为一个项目报价的，这是正常的。但如果只有新砌墙报价，而没有双面的水泥砂浆粉刷报价，那就是漏项，后面施工结算时，会被增项。

3.2　止水梁和过门梁——关键地方需加强

止水梁和过门梁的参考报价

项目	单位	涉及的材料	综合单价（含主材、辅材和人工费、损耗）	工艺说明	注意事项
简易混凝土止水梁（小于300毫米×300毫米）	米	混凝土、钢筋	180元/米	参考线放样→接触新墙的原水泥层凿除→清理基层→支模木板→现浇混凝土。止水梁高度不小于15厘米；有地暖，止水梁高度不小于18厘米	—
角铁过门梁	米	角铁	200元/米	安装角铁→继续砌墙。每边与原墙体搭接长度均应大于墙体宽度	—

项目	单位	涉及的材料	综合单价（含主材、辅材和人工费、损耗）	工艺说明	注意事项
槽钢过门梁	米	5厘米×10厘米的槽钢	250元/米	安装槽钢→继续砌墙。每边与原墙体搭接长度均应大于墙体宽度	—
混凝土过门梁（单砖墙）	米	混凝土、国标钢筋主筋14分、箍筋6分@250、支木模板	250元/米	清理基层→支模木板→现浇混凝土过门梁。每边与原墙体搭接长度均应大于墙体宽度；混凝土过梁必须放置不少于4根规格不小于6分的钢筋；过梁高度不低于10厘米，宽度与墙体同宽	须用支模木板
混凝土过门梁（双砖墙）	米	混凝土、国标钢筋主筋14分、箍筋6分@250、支木模板	300元/米	清理基层→支模木板→现浇混凝土过门梁。每边与原墙体搭接长度均应大于墙体宽度；混凝土过梁必须放置不少于4根规格不小于6分的钢筋；过梁高度不低于10厘米，宽度与墙体同宽	
木质封门头	米	板材、石膏板、轻钢龙骨	300元/米	材料预排→参考线放样→轻钢龙骨安装固定→局部板材板衬底→石膏板安装	过门梁禁用木头

1. 标准制模混凝土止水梁

虽然混凝土墙体在建筑工程中很常见，但是室内装修用得少。室内装修更多的会用在一些地方做加强，比如地梁、过门梁、止水梁等。

比如卫生间和厨房的新砌墙体底部就需要做混凝土止水梁，防止水从墙根渗漏。

用红面模板支模加钢筋浇筑的止水梁，就是标准制模混凝土止水梁。标准制模混凝土止水梁，参考综合单价（含主材、辅材和人工费、损耗）：180元/平方米。

混凝土止水梁

很多工人为了省事，浇筑止水梁时，用空心砖来制模给止水梁定型。空心砖有吸水性，会导致止水梁强度降低。

反例：不合格的止水梁制作

2. 角铁过门梁

新砌墙体的地方有门洞，门洞上方需要砌过门梁来加强。角铁过门梁，参考综合单价（含主材、辅材和人工费、损耗）：200元/平方米。

角铁过门梁（拆模后）

3. 槽钢过门梁

槽钢过门梁，参考综合单价（含主材、辅材和人工费、损耗）：250元/平方米。

槽钢过门梁

4. 混凝土过门梁

角铁和槽钢的过门梁是够用的，但由钢筋混凝土制作的过门梁会更好一些。

混凝土过门梁，参考综合单价（含主材、辅材和人工费、损耗）：宽度小于 150 毫米的，250 元/平方米；宽度为 150~300 毫米的，300 元/平方米。

混凝土过门梁需要在门头支模木板固定，操作难度加大，砌墙时间久，因此，比混凝土止水梁价格高。

混凝土过门梁

5. 木质封门头

新建墙体，如果有门洞的话是禁止使用木头过梁的。但如果是要把门洞高度降低，可以用木头降低，比较方便简单。

当门洞本身高于自己设计的门洞时，才会用到木质封门头，就是使用木工板做一个门头，让所有房间门高度一致。木质封门头，参考综合单价（含主材、辅材和人工费、损耗）：300 元/平方米。

反例：木头禁止用于过门

3.3 砌砖包下水管道

包下水管道的参考报价

项目	单位	涉及的材料	综合单价（含主材、辅材和人工费、损耗）	工艺说明	注意事项
砌砖包下水管道（投影宽度不大于400毫米）	根	轻质砌块、水泥、黄砂	300元/根	一般主下水管道及坑管需要砌砖包管。施工工艺：人工清理原地面表面→测量定位→材料预排→参考线放样→砖体洒水湿润→接触新墙的原水泥层凿除→水泥砂浆搅拌→砌墙→表面清理→洒水养护	—
砌砖包下水管道（正立面投影宽度为400~800毫米）	根	轻质砌块、水泥、黄砂	500元/根		—
下水管隔声棉	米	隔声棉	30~40元/米	一般主下水管道及坑管需要隔声棉。施工工艺：清理基层→粘结隔声棉→扎带固定。要求：包裹严实紧密，无明显水管裸露	漏报隔声棉；可自购阻尼隔声棉
下水管隔声棉	米	阻尼隔声棉	50~60元/米	一般主下水管道及坑管需要隔声棉。施工工艺：清理基层→粘结阻尼片→粘结隔声棉→扎带固定。要求：包裹严实紧密，无明显水管裸露	

砌砖包下水管道

对于卫生间和阳台的主下水管，大多业主会选择砌砖包管，隔声效果会更好。参考综合单价（含主材、辅材和人工费、损耗）：完成后的正面投影宽度小于或等于400毫米的，300元/根；正面投影宽度为400~800毫米的，500元/根。

🖌 隔声棉

为了能更好地隔声，工人会加上隔声棉，参考综合单价（含主材、辅材和人工费、损耗）：普通隔声棉，30~40 元 / 米；阻尼隔声棉，50~60 元 / 米。

签合同时，要写清楚人工只安装隔声棉的价格。业主可以自行购买阻尼隔声棉，让工人安装或自己安装。

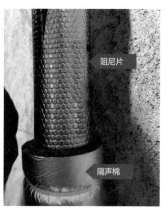

阻尼隔声棉

小贴士

①按"根"计算，更省钱

下水管包管是按"根"计算，隔声棉是按"米"计算，看着隔声棉单价便宜，算下米也要几百元，其实并不便宜。

②隔声棉报价，易遗漏

这里经常会把隔声棉的费用漏项，后续施工再做增项。不管做不做，都需要把这个价格写在报价表上，避免后续价格过高。这是缺项漏项的"坑"。

专栏 2

新砌墙体项目中省钱和避坑要点

省钱——自购阻尼隔声棉

自购阻尼隔声棉，价格便宜，挑选方便，能看到、摸到实际的厚度。

避坑——报价不全

未写明拆除后水泥修粉后续增加厚度的价格。

避坑——缺项漏项

下水管隔声棉。

避坑——施工工艺

混凝土类施工必须支模木板；过门梁禁止使用木头。

第 4 章

给水排水项目要点及报价表解读

适度升级，谨防工程量虚报

4.1 给水排水开槽——水管隐蔽需开槽

不同墙体开槽的参考报价

项目	单位	涉及的材料	综合单价（含主材、辅材和人工费、损耗）	工艺说明	注意事项
在砖墙上开槽	米	切割机刀片、钻头、水泥、黄砂	18~20 元/米	未验收，禁止回填封槽；包含回填封槽粉刷费用。开槽：参考线放样→切割机开槽→电镐凿槽→清理；封槽：水泥砂浆调配→修补开槽面→清理	开槽、封槽重复报价；漏报封槽
在混凝土墙上开槽	米	切割机刀片、钻头、水泥、黄砂	20~25 元/米		

1. 砖墙开槽——普通开槽

水路开槽

开槽是为了水管、电线管布管，一般在墙面开槽。有些装修为了不影响净高，在地面也会开槽。如果水管要走天花板，需要用吊顶或者石膏线遮挡。

砖墙开槽（含封槽）参考综合单价（含主材、辅材和人工费、损耗）：18~20 元/米。

电路开槽

单独计算电路开槽的话会多一个宽度转换。因为水管一般是一根水管开一条槽，而电路开槽，可能将多根电线管开在一条槽内。一般电路开槽的规律是 2 米线管算 1.5 米线槽，3 米线管算 2 米线槽，6 米线管算 4 米线槽。开槽越宽，单价也会贵一些，这是正常的。

水管和电线管开槽价格，算法都一样。有些报价表会把水路和电路的开槽合并在一起，叫作"水电开槽"。

水电开槽

2. 混凝土开槽——要加钱

在混凝土墙面、地面开槽难度加大，费用会更高一些。混凝土墙开槽（含封槽），参考综合单价（含主材、辅材和人工费、损耗）：20~25 元 / 米。

3. 开槽、封槽一起报价

有些装修公司会把开槽和封槽分开报价，这里可能会出现重复报价。比较开槽价格的时候，建议把开槽和封槽合并后比较。

还有一种报价套路就是缺项漏项，故意不报封槽，等施工时，再把封槽作为增项。为了避免后期增项，需要备注上"开槽项目包含封槽"。

小贴士

验收合格后再封槽

虽然报价时，开槽和封槽是在一起计算的价格，但是在实际施工中，一定要在自己验收完水电工程后，再封槽。不然使用水泥砂浆封槽后，看不到水电工程内部，会导致无法做水电验收。

4.2 墙体打孔——管线穿墙，需打孔

墙体打孔的参考报价

项目	单位	涉及的材料	综合单价（含主材、辅材和人工费、损耗）	工艺说明	注意事项
墙体打孔	个	开孔器、发泡胶	35~45 元 / 个	包含发泡胶补洞费用；水电线管、空调管道、抽油烟机等开洞（不包括中央空调和地暖打洞）；施工工艺：确定开洞位置→开孔器打洞→清理→发泡剂补洞	漏报发泡胶费用

一般室内需要安装中央空调管道、新风管道时，才会在墙体打孔。还有一种就是水电管线全部走天花板，遇到有梁的地方，走梁下，净高会降低，会需要打孔。

墙体打孔，含发泡胶补洞，参考综合单价（含主材、辅材和人工费、损耗）：35~45元/个。

![小贴士]

打孔项目需备注包含发泡胶补洞费用

有些装修公司，打孔费用不含发泡胶补洞，等施工时，再把发泡胶补洞作为增项。为了避免后期增项，需要备注上"打孔项目包含发泡胶补洞"。

4.3 选择合适的水管尺寸和类型——给水管排布安装

给水管安装的参考报价

项目	单位	涉及的材料	综合单价（含主材、辅材和人工费、损耗）	工艺说明	注意事项
冷水管安装	米	6分热水管、水管配件（外径25毫米，壁厚4.2毫米）	40~50元/米	厂家质保50年；少于40米按40米计算。施工工艺：参考线放样→水管加工裁切→管道热熔连接→管道固定→打压测试	水管厂家质保年限
热水管安装	米	6分热水管、水管配件（外径25毫米，壁厚4.2毫米）	40~50元/米		
水管保温套	米	—	5~10元/米	室外最低温度达到0℃以下的城市，需要安装保温套。要求：包裹严实紧密，无明显水管裸露	—

项目	单位	涉及的材料	综合单价（含主材、辅材和人工费、损耗）	工艺说明	注意事项
安装前置过滤器	个	6分热水管及所有配件	100元/个	主材业主自购，工人施工。费用包含所需水管等所有辅材	注意减项、漏算
安装增压泵	个	6分热水管及所有配件	100元/个	主材业主自购，工人施工。费用包含所需水管等所有辅材	
花洒预埋件安装	个	—	50元/个	厂家提供安装	

1. 冷热水管——用6分热水管

水管类型分为冷水管和热水管，主要差别是水管的壁厚。热水管管壁厚，更结实耐用。水管会有厂家质保，报价表上需写明质保期限，一般质保是50年或以上。

家用的水管分为4分管和6分管，6分管的直径比4分管的直径大。无论冷水管道还是热水管道，建议全部选择6分热水管，6分管直径大，不影响水流，使用效果更佳。需要注意，6分热水管的外径是25毫米，壁厚是4.2毫米。

冷热水管安装，参考综合单价（含主材、辅材和人工费、损耗）：40~50元/米。有些装修公司，可能还有起做的数量限制，一般是30米或40米。

2. 水管保温套——室外最低温度0℃及以下，建议加上

保温套是给冷热水管保温用的，算是升级项，不一定都做。如果室外最低温度达到0℃及以下的，加上保温套会更好些。水管保温套，参考综合单价（含主材、辅材和人工费、损耗）：5~10元/米。

3. 前置过滤器、增压泵安装

前置过滤器和增压泵，可以让水管工人来安装。前置过滤器和增压泵的厂家也包安装。前置过滤器、增压泵安装，参考综合单价（含主材、辅材和人工费、损耗）：100元/个。

可省去安装的费用

　　如果前期报价表中有前置过滤器、增压泵的安装费用，而实际上是由厂家安装的，那么后面记得做减项。

4.花洒预埋件安装

　　安装入墙式花洒，是需要提前开槽和水管一起安装预埋件的。花洒预埋件安装，参考综合单价（含主材、辅材和人工费、损耗）：50元/个。

　　如果报价表前期报了花洒预埋件安装，而实际是厂家安装的，那么后面记得做减项。这是减项漏算的"坑"。

花洒预埋件安装

4.4 注意下水管隔声和防水处理——排水管排布安装

排水管安装的参考报价

项目	单位	涉及的材料	综合单价（含主材、辅材和人工费、损耗）	工艺说明	注意事项
地漏类（直径50毫米以下）	米	PVC管及所有配件、胶水、防水涂料	50~60元/米	施工工艺：参考线放样→切割机开槽→电镐凿槽→槽内防水→PVC管道加工裁切→管道口打磨粘结→通排测试	漏报PVC管所有配件；槽内防水
坐便器移位（直径50～110毫米）	米	PVC及配件、坐便器移位器、PVC胶水、防水涂料	100元/米		

项目	单位	涉及的材料	综合单价（含主材、辅材和人工费、损耗）	工艺说明	注意事项
PVC 排水管及配件	套	PVC 管三通、弯管	50 元 / 套	—	和下水管安装重复报价
主下水管更换	米	PVC 管、PVC 胶水	400~500 元 / 米	需要根据物业要求施工	—

1. 直径 50 毫米以下下水管安装——地漏类下水管

地漏、水槽下水、浴室柜下水等，一般都是直径 50 毫米的 PVC 管。下水管安装（直径 50 毫米以下），参考综合单价（含主材、辅材和人工费、损耗）：50~60 元 / 米。

2. 直径 110 毫米下水管安装——坐便器移位

坐便器移位一般是用直径 110 毫米的 PVC 管。因为是异层排水，需要在卫生间开槽，无法开太深，可用扁管。

下水管安装（直径 50 ~ 110 毫米），参考综合单价（含主材、辅材和人工费、损耗）：100 元 / 米。

把坐便器移位直接按"项"收费，其实是不太划算的。因为坐便器移位不会太远，一般移位距离小于 2 米。排水管有开槽的话，槽内需要做防水，才能起实质的作用。

排水管槽内做防水

3. 主下水管更换

有些老小区，房龄长，主下水管还是铸铁的，多年都没换过，可能已经锈蚀严重。如果和楼上邻居协调好的话，可以做更换。

主下水管更换，参考综合单价（含主材、辅材和人工费、损耗）：400~500 元 / 米。这个价格，比其他项目会高一些。

专栏 3

给水排水项目中省钱和避坑要点

省钱——封闭式合同

　　封闭式合同必须包含水电项目。

省钱——水电验收后，再封槽

　　在业主验收水电合格后，才能封槽。避免二次开槽的现象。

避坑——零件报价重复、漏报

　　开槽和封槽、打孔和发泡胶、PVC 管和 PVC 管配件。

避坑——报价包括安装费、质保年限应注明

　　购买增压泵、前置净水器、花洒预埋件等，部分厂家都包含安装费用。应在报价表中去掉额外的安装费，另外注明水管厂家质保年限。

第 5 章

强弱电项目要点及报价表解读

严查报价，避免工程量不实

先参考线放样，画出辅助线，帮助后续施工；凿出线槽，以便后续预埋电线管；排布安装 PVC 管（PVC 管起保护电线的作用）；电线排线，把电线穿进 PVC 管中；验收水电整体项目；验收通过后，再封槽。

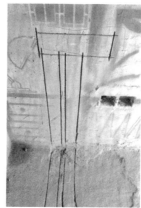
水电开槽

水电凿槽

水电布管

电线穿线

电路检测

水电封槽

5.2 强弱电开槽——电线隐蔽需开槽

强弱电开槽和水管开槽一样（见本书第 4.1 节）。有些报价表会把混凝土开槽、天花板顶面灯线 S 槽单独报价，其中灯线 S 槽价格和砖墙开槽价格差不多。

不同电线开槽方式的参考报价

项目	单位	涉及的材料	综合单价（含主材、辅材和人工费、损耗）	工艺说明	注意事项
砖墙开槽	米	切割机刀片、钻头、水泥、黄砂	18~20 元/米	开槽：参考线放样→切割机开槽→电镐凿槽→清理；封槽：水泥砂浆调配→修补开槽面→清理	未验收，禁止回填封槽；包含回填封槽粉刷费用；2 米线管算 1.5 米线槽，3 米线管算 2 米线槽，6 米线管算 4 米线槽
混凝土墙开槽	米	切割机刀片、钻头、水泥、黄砂	20~25 元/米		
灯线 S 槽	米	切割机刀片、钻头、水泥、黄砂	18~20 元/米		

5.3 排线前先布管

布管的参考报价

项目	单位	涉及的材料	综合单价（含主材、辅材和人工费、损耗）	工艺说明	注意事项
6 分 PVC 电线管布管	米	6 分线管，包含配件、镀锌管、PVC 胶水	7.5~10 元/米	包含强弱电排管交叉处镀锌管。施工工艺：参考线放样→排布管道→管道胶水粘结固定→骑马卡固定	强弱电排管交叉处需要穿镀锌管
砖墙音视频线 PVC 管预埋（直径 50 毫米）	项	直径 50 毫米 PVC 管件预埋，包含所有配件、PVC 胶水	80~100 元/项	参考线放样→布道→管道固定→骑马卡固定	此项目为一口价，业主没有变更需求或设计时，增项不得超过 5%
混凝土墙音视频线 PVC 管预埋（直径 50 毫米）	项	直径 50 毫米 PVC 管件预埋，包含所有配件、PVC 胶水	80~100 元/项		

🔧 用6分PVC电线管布管

6分PVC电线管布管，参考综合单价（含主材、辅材和人工费、损耗）：7.5~10元/米。

强弱电排管交叉处，必须有镀锌管做屏蔽保护。注意避免报价表漏报镀锌管，后面施工结算时出现增项的情况。

🔧 用直径50毫米的PVC管预埋音频线、视频线

除了常见的电线管需要开槽预埋，现在很多设计为了美观，会把视频线、音频线及其他管线暗埋到墙体里面。

音频线、视频线PVC管预埋（直径50毫米），参考综合单价（含主材、辅材和人工费、损耗）：80~100/项。

先预埋进去，再穿线

> **小贴士**

在混凝土墙上开槽需慎重

有些混凝土墙不一定能预埋，开槽过程中大概率会遇到钢筋，按照相关规范，不允许切断或者折弯钢筋。

1. 电路排线

电路排线设计的参考报价

项目	单位	涉及的材料	综合单价（含主材、辅材和人工费、损耗）	工艺说明	注意事项
1.5 平方毫米电线排线（灯线）	米	1.5 平方毫米电线、胶布、穿线钢丝、压线帽	4~5 元 / 米	施工工艺：穿电线→绝缘检测仪导通性检测	提防"按实结算"少报工程量，一般情况下，总电线数量是使用面积的 13 倍
2.5 平方毫米电线排线（插座线）	米	2.5 平方毫米电线、胶布、穿线钢丝、压线帽	5~6 元 / 米		
4 平方毫米电线排线（大功率家电）	米	4 平方毫米电线、胶布、穿线钢丝、压线帽	8 元 / 米		
6 平方毫米电线排线（中央空调外机）	米	6 平方毫米电线、胶布、穿线钢丝、压线帽	10~12 元 / 米		
10 平方毫米电线排线（总入户线）	米	10 平方毫米电线、胶布、穿线钢丝、压线帽	17~22 元 / 米		

1.5 平方毫米电线排线——灯线

1.5 平方毫米电线排线，参考综合单价（含主材、辅材和人工费、损耗）：4~5 元 / 米。也有部分灯具功率较大，会用到 2.5 平方毫米的电线，可按 2.5 平方毫米的价格计算。

2.5 平方毫米电线排线——插座线

2.5 平方毫米电线排线，参考综合单价（含主材、辅材和人工费、损耗）：5~6 元 / 米。一般插座线，都默认使用 2.5 平方毫米。

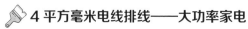 4 平方毫米电线排线——大功率家电

4 平方毫米电线排线，参考综合单价（含主材、辅材和人工费、损耗）：8 元 / 米。像大型烤箱、柜机空调等功率大于 4000 瓦的大功率家电，才会使用 4 平方毫米的电线排线。

6 平方毫米电线排线——中央空调外机等超大型家电

6 平方毫米电线排线，参考综合单价（含主材、辅材和人工费、损耗）：10~12 元 / 米。像中央空调外机等功率大于 5700 瓦的大功率家电，或有些进户线需要更换，才会使用 6 平方毫米的电线排线。

10 平方毫米电线排线——总入户线

10 平方毫米电线排线，参考综合单价（含主材、辅材和人工费、损耗）：17~22 元 / 米。用电量大的家庭进户线需要更换，才会使用 10 平方毫米的电线排线。

2. 阻燃电线

一般来说，大品牌阻燃电线最贵，贵 0.5~1 元 / 米；大品牌的普通电线和小品牌的阻燃电线价格持平。

阻燃电线排线设计的参考报价

项目	单位	涉及的材料	综合单价（含主材、辅材和人工费、损耗）	工艺说明	注意事项
1.5 平方毫米阻燃电线排线	米	1.5 平方毫米阻燃电线、胶布、穿线钢丝、压线帽	5~6 元 / 米	当项目为一口价，业主没有变更需求或设计时，增项不得超过 5%。施工工艺：穿电线→绝缘检测仪导通性检测	提防"按实结算"少报工程量，按实结算增回来；提防虚报工程量需注意：一般情况下，总电线数量是使用面积的 13 倍
2.5 平方毫米阻燃电线排线	米	2.5 平方毫米阻燃电线、胶布、穿线钢丝、压线帽	6~7 元 / 米		
4 平方毫米阻燃电线排线	米	4 平方毫米阻燃电线、胶布、穿线钢丝、压线帽	9 元 / 米		
6 平方毫米阻燃电线排线	米	6 平方毫米阻燃电线、胶布、穿线钢丝、压线帽	11~13 元 / 米		
10 平方毫米阻燃电线排线	米	10 平方毫米阻燃电线、胶布、穿线钢丝、压线帽	18~23 元 / 米		

3. 接线端子

接线端子，参考综合单价（含主材、辅材和人工费、损耗）：1元/只；或按项整体打包，两室以下户型为 150 元/项；三室至复式为 200 元/项。

用黑胶带接线固定可能不够牢固；用镀锌管接线固定牢固，但比较麻烦。多数情况会选用接线端子或压线帽，用于电线接头。

接线端子设计的参考报价

项目	单位	涉及的材料	综合单价 （含主材、辅材和 人工费、损耗）	工艺说明
接线端子	项	接线端子	两室以下户型为 150 元/项；三室至复式为 200 元/项；别墅户型另议	接线方式：必须使用压线帽，或接线端子，或缠绕折回压紧再挂锡，三者选一
	只	接线端子	1 元/只	

黑胶带

镀锌管接线

接线端子

5.5 注意强电的电磁干扰——直接使用六类网线

弱电排线设计的参考报价

项目	单位	涉及的材料	综合单价（含主材、辅材和人工费、损耗）	工艺说明	注意事项
六类网线排线	米	六类网线、穿线钢丝	7~8元/米	穿网线→绝缘导通检验	—
电话线排线	米	电话线	6元/米		
音频线排线	米	音频线	8元/米	穿线→绝缘检测仪导通性检测	纯人工费用
视频线排线	米	视频线	8元/米		

1. 六类网线排线

参考综合单价（含主材、辅材和人工费、损耗）：7~8元/米。网线直接用六类网线。虽然五类网线也够用，但是六类大概可以兼容未来十年的宽带发展。

2. 电话线排线

参考综合单价（含主材、辅材和人工费、损耗）：6元/米。

3. 音频线、视频线排线

参考综合单价（含主材、辅材和人工费、损耗）：8元/米。

小贴士

装修公司一般都是用常规的音频线、视频线。如果业主有更高要求，可以自购。纯人工的穿线单价2~3元/米。

5.6 开关、插座面板安装——除了面板，还有暗盒

开关、插座面板安装的参考报价

项目	单位	涉及的材料	综合单价（含主材、辅材和人工费、损耗）	工艺说明	注意事项
暗盒安装	个	暗盒、防尘盖板、水泥、黄砂	5~8 元 / 个	施工工艺：参考线放样→剔凿线盒槽→清理基层→浇水湿润→暗盒稳固安装→锁母固定→盒内导线使用专用电线连接器连接→绝缘检测仪导通性检测	装修公司提供的开关面板价格，需要和市场比价
开关插座面板安装	个	主材业主自购，乙方安装	6~10 元 / 个	人工剥线→面板接线→安装固定→绝缘检测仪导通性检测	
网线面板安装	个	主材业主自购，乙方安装	6~10 元 / 个		
面板安装（包含暗盒）	个	主材业主自购，乙方安装	10~15 元 / 个	暗盒安装：参考线放样→剔凿线盒槽→清理基层→浇水湿润→暗盒稳固安装→锁母固定→盒内导线使用专用电线连接器连接→绝缘检测仪导通性检测；面板安装：人工剥线→面板接线→安装固定→绝缘检测仪导通性检测	

1. 暗盒安装

开关插座的面板是必须固定在暗盒上的，暗盒上有螺丝孔可以固定开关插座面板。

暗盒安装，参考综合单价（含主材、辅材和人工费、损耗）：5~8 元 / 个。

暗盒安装

2. 开关、插座、网线面板安装

开关、插座等面板的安装是在家具安装阶段，并不是在水电阶段。不过是由水电工来安装的。

开关、插座等面板安装，参考综合单价（含主材、辅材和人工费、损耗）：6~10元/个。也有把暗盒和面板合并报价的情况。有些报价表把安装面板和安装项目排在一起。

5.7 灯具安装——按"间"算省事

灯具安装的参考报价

项目	单位	涉及的材料	综合单价 （含主材、辅材 和人工费、损耗）	工艺说明	注意事项
灯盒(八角盒)安装	个	八角灯盒、盖板、螺丝、阻燃软管、水泥、黄砂	5~8元/个	施工工艺：参考线放样→八角灯盒安装→锁母固定→盒内导线使用专用电线连接器连接→绝缘检测仪导通性检测	软管重复报价
灯带安装	米	主材业主自购，乙方安装	8元/米	施工工艺：灯带组装→灯带安装→运行检查	—
灯具安装	间	主材业主自购，乙方安装	80~100元/间；300~500元（一口价）	吊灯，由厂家安装或另议。施工工艺：人工开孔安装膨胀螺栓固定→灯具组装→灯具安装→运行检查	—
在吊顶开灯孔	个	开孔器	10元/个	施工工艺：确定开洞位置→开孔器打洞→清理	—

1. 灯盒安装

灯盒也叫八角盒，类似开关面板的暗盒。不过在有吊顶的情况下，才会用到灯盒。不吊顶的话，天花板通常开浅槽，没空间装灯盒。

灯盒安装（含软管），参考综合单价（含主材、辅材和人工费、损耗）：5~8元/个。

灯盒

小贴士

灯盒安装费用包括软管费用

灯盒安装，包含灯盒软管安装。拆开报价，价格超高的，这就是重复报价。

2. 灯带安装

灯带安装是在家具安装阶段。参考综合单价（含主材、辅材和人工费、损耗）：8元/米。

3. 灯具安装

灯具安装也是在家具安装阶段。参考综合单价（含主材、辅材和人工费、损耗）：80~100元/间。有的报价按全屋300~500元打包收费。

另外，吊灯安装大多是厂家安装。如果厂家不包安装，需要提前将吊灯样式发给施工方，确认安装费用。灯具复杂程度不同，安装费也不同。

4. 在吊顶开灯孔

在吊顶开灯孔，一般是在木工阶段就开好孔。参考综合单价（含主材、辅材和人工费、损耗）：10元/个。

5.8 强弱电位——价格稍贵，但一口价放心

结算时，经常有装修公司以电线用量过多为由，需要增加费用，这一点没有好的破解方法，主要是没办法核验工程量。

只有换种报价方式，才能解决。采用点位计算，就可以避免这种"坑"。不过点位计算价格会偏高。因为装修公司没有增项空间了，所以价格会高一点。

强弱电设计的参考报价

项目	单位	涉及的材料	综合单价（含主材、辅材和人工费、损耗）	工艺说明	注意事项
强电	个	铜线、胶布、穿线钢丝、压线帽、专用 PVC、20 分电线管、墙面暗埋管件、镀锌管、切割片、水泥和黄砂、4 平方毫米电线（供立式空调使用）、2.5 平方毫米电线（供挂式空调及普通插座使用）、1.5 平方毫米电线（供电线开关使用）	130~150 元 / 个	开槽：参考线放样→切割机开槽→电镐凿槽→清理；穿线：穿弱电线→绝缘检测仪导通性检测；暗盒安装：参考线放样→剔凿线盒槽→清理基层→浇水湿润→暗盒稳固安装→锁母固定→盒内导线使用专用电线连接器连接→绝缘检测仪导通性检测；面板安装：人工剥线→面板接线→安装固定→绝缘检测仪导通性检测；封槽：验收合格后→水泥砂浆调配→修补开槽面→清理	写明点位计算方式
弱电	个		160 元 / 个		

1. 强电——按点位计算

强电参考综合单价（含主材、辅材和人工费、损耗）：130~150 元 / 个。

2. 弱电——按点位计算

弱电按点位计算会贵一点，主要是网线比电线价格高。电线多用 1.5 平方毫米和 2.5 平方毫米的，这两种规格电线都比网线便宜。

弱电，按点位算，参考综合单价（含主材、辅材和人工费、损耗）：160 元/个。

无特殊说明，1 个开关插座面板均按照 1 个点位计算

有些报价中会把 1 个五孔插座算作 2 个点位，这是报价不全的"坑"。

可以把点位换算都备注清楚，比如双控开关、三孔开关、射灯等算几个点位，再加一句备注"其他未说明的面板均按 1 个点位计算"。

5.9 强电箱、弱电箱——整理排布

强弱电排布设计的参考报价

项目	单位	涉及的材料	综合单价（含主材、辅材和人工费、损耗）	工艺说明	注意事项
强电箱安装 + 断路器空气开关整理排布	项	黄砂、水泥	200~300 元/项	安装强电箱→水泥砂浆粉刷固定→断路器空气开关整理排布→漏电保护开关安装→运行检查→贴上各回路标识。要求：配电箱固定使用膨胀螺栓或水泥砂浆固定，严禁使用铜丝绑扎、木楔子固定	写明点位计算方式
弱电箱安装	项	黄砂、水泥	200 元/项	开槽或开洞→清理基层→浇水湿润→安装弱电箱→水泥砂浆粉刷固定→水晶头安装和调试→运行检查。要求：配电箱固定使用膨胀螺栓或水泥砂浆固定，严禁使用铜丝绑扎、木楔子固定	—

1. 强电箱——要规划好

强电箱安装（含断路器整理排布），参考综合单价（含主材、辅材和人工费、损耗）：200~300元/项。

很多报价表会把强电箱安装和断路器整理排布分开报价，而两项加起来费用更高了。如果报价表只写"强电箱安装"，就需要加上"包含断路器整理排布"，不然结算时可能会被告知断路器整理排布需要加钱。

2. 弱电箱——注意散热和信号遮挡

弱电箱安装（含断路器整理排布），参考综合单价（含主材、辅材和人工费、损耗）：200元/项。弱电箱内部就是插座和路由器，不会产生整理弱电箱的费用。

专栏 4

强弱电项目省钱和避坑要点

省钱——封闭式合同

签订封闭式合同时，报价单上必须包含水电项目。

避坑——注意各种管线的数量

开槽、线管、电线等数量，报价单上可能出现工程量少、工程量虚报、恶意增项等情况。

避坑——漏报镀锌管价格

强弱电排管交叉处需要镀锌管，报价单上漏报用于强弱电屏蔽保护的镀锌管的价格。

避坑——与市场比较价格

装修公司的开关面板报价需要和市场比价。

第6章

木作项目要点及报价表解读

高颜值设计，重在木作打底

6.1 石膏板吊顶

吊顶一般会用到两种龙骨：木龙骨和轻钢龙骨。使用木龙骨就必须刷防火漆，报价需加上防火漆价格，总体和轻钢龙骨价格差不多。木龙骨容易受潮、虫蛀，不耐用，吊顶最好是用轻钢龙骨，结实耐用。

石膏板吊顶的参考报价

项目	单位	涉及的材料	综合单价（含主材、辅材和人工费、损耗）	工艺说明	注意事项
普通石膏板吊顶（木龙骨）	平方米	石膏板、木龙骨、嵌缝膏、牛皮纸、膨胀螺丝、自攻螺丝、防锈漆、黏合剂（环保等级或环保认证）	160元/平方米	施工工艺：材料预排→参考线放样→木龙骨安装→局部板材衬底→纸面石膏板封面→嵌缝膏填补缝隙→牛皮纸粘贴缝隙。要求：转角龙骨加固和斜拉处理，转角处7字形石膏板，石膏板接缝45°倒角，防火漆需要另外加10元/平方米	吊顶转角三重处理：膨胀螺丝和自攻螺丝、防锈处理和牛皮纸处理
普通石膏板吊顶（轻钢龙骨）	平方米	石膏板、轻钢龙骨、嵌缝膏、牛皮纸、膨胀螺丝、自攻螺丝、防锈漆、黏合剂（环保等级或环保认证）	170~180元/平方米	施工工艺：材料预排→参考线放样→轻钢龙骨安装→局部板材衬底→石膏板封面→嵌缝膏填补缝隙→牛皮纸粘贴缝隙	
双层普通石膏板吊顶（轻钢龙骨）	平方米	石膏板、轻钢龙骨、嵌缝膏、牛皮纸、膨胀螺丝、自攻螺丝、防锈漆、黏合剂（环保等级或环保认证）	220~250元/平方米	施工工艺：材料预排→参考线放样→轻钢龙骨安装→局部板材衬底→石膏板封面→嵌缝膏填补缝隙→牛皮纸粘贴缝隙	

项目	单位	涉及的材料	综合单价（含主材、辅材和人工费、损耗）	工艺说明	注意事项
普通耐水石膏板吊顶（轻钢龙骨）	平方米	耐水石膏板、轻钢龙骨、嵌缝膏、牛皮纸、膨胀螺丝、自攻螺丝、防锈漆、黏合剂（环保等级或环保认证）	180~200 元／平方米	用在卫生间等潮湿地方。施工工艺：材料预排→参考线放样→轻钢龙骨安装→局部板材衬底→石膏板封面→嵌缝膏填补缝隙→牛皮纸粘贴缝隙	吊顶转角三重处理：膨胀螺丝和自攻螺丝、防锈处理和牛皮纸处理
双层耐水石膏板吊顶（轻钢龙骨）	平方米	石膏板、轻钢龙骨、嵌缝膏、牛皮纸、膨胀螺丝、自攻螺丝、防锈漆、黏合剂（环保等级或环保认证）	240~270 元／平方米	用在卫生间等潮湿地方。施工工艺：材料预排→参考线放样→轻钢龙骨安装→局部板材衬底→石膏板封面→嵌缝膏填补缝隙→牛皮纸粘贴缝隙	

1. 普通石膏板吊顶

普通石膏板吊顶使用轻钢龙骨，参考综合单价（含主材、辅材和人工费、损耗）：170~180 元／平方米。

2. 双层普通石膏板吊顶

为了防裂，使用双层石膏板吊顶，或一层木工板加一层石膏板，错缝安装。

双层石膏板吊顶，使用轻钢龙骨，参考综合单价（含主材、辅材和人工费、损耗）：220~250 元／平方米。

3. 普通耐水石膏板吊顶

一般比较潮湿的地方，比如卫生间，需要用到耐水石膏板。从耐久性方面考虑，卫生间吊顶选择铝扣板吊顶会更好。

耐水石膏板吊顶使用轻钢龙骨，参考综合单价（含主材、辅材和人工费、损耗）：180~200 元／平方米。

4. 双层耐水石膏板吊顶

双层耐水石膏板吊顶使用轻钢龙骨，参考综合单价（含主材、辅材和人工费、损耗）：240~270 元 / 平方米。有时用一层普通石膏板加一层耐水石膏板就可以了，面层用耐水石膏板抵抗湿气。

参考综合单价，对工艺要求很高，包含转角处的加固、斜拉、7 字形石膏板三重手段防止转角开裂，石膏板接缝会有 45° 倒角处理。

同时，还有对自攻螺丝的防锈处理、石膏板接缝的牛皮纸处理。从工艺上来讲，膨胀螺丝好于泡钉和一体钉，自攻螺丝好于直钉钢排钉。

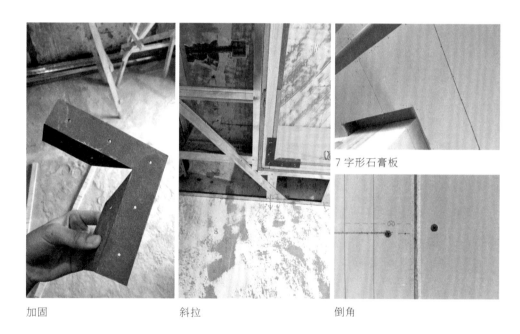

7 字形石膏板

加固　　　　　　　　　斜拉　　　　　　　　　倒角

石膏板加固和倒角处理

6.2 其他吊顶方式

其他吊顶方式的参考报价

项目	单位	涉及的材料	综合单价（含主材、辅材和人工费、损耗）	工艺说明	注意事项
走边吊顶	米	石膏板、轻钢龙骨、嵌缝膏、牛皮纸、膨胀螺丝、自攻螺丝、防锈漆、黏合剂（环保等级或环保认证）	100~120 元/米	施工工艺：材料预排→参考线放样→轻钢龙骨安装→局部板材衬底→石膏板封面→嵌缝膏填补缝隙→牛皮纸粘贴缝隙	吊顶转角三重处理：膨胀螺丝和自攻螺丝、防锈处理和牛皮纸处理
"双眼皮"吊顶	米	板材、石膏板、嵌缝膏、自攻螺丝、防锈漆、黏合剂（环保等级或环保认证）	70~80 元/米		
造型阶梯吊顶	平方米	石膏板、轻钢龙骨、嵌缝膏、牛皮纸、膨胀螺丝、自攻螺丝、防锈漆、黏合剂（环保等级或环保认证）	180~200 元/平方米		
铝扣板吊顶	平方米	铝扣板、吊杆、射钉、自攻螺钉	160~170 元/平方米（可以自购）	包含角线、龙骨等费用。施工工艺：参考线定位→材料预排→安装龙骨吊杆→轻钢龙骨→安装铝扣板→安装吊顶电器→运行测试→安装压条	建议工程量写"0"

1. 走边吊顶

走边吊顶或箱式吊顶，一般会限制宽度 30 厘米或 40 厘米以内，按米计算。参考综合单价（含主材、辅材和人工费、损耗）：100~120 元/米。

2. "双眼皮"吊顶

"双眼皮"吊顶,严格来讲不能叫吊顶,因为没有龙骨吊起来,就是在墙壁上贴了两层石膏板。参考综合单价(含主材、辅材和人工费、损耗):70~80 元/米。

3. 造型阶梯吊顶

造型阶梯吊顶,参考综合单价(含主材、辅材和人工费、损耗):180~200 元/平方米。这里只是普通家庭装修可能会出现阶梯吊顶的参考价。圆形吊顶、弧面吊顶的报价需要自己多比较几家,找出合理的价格。

4. 铝扣板吊顶

铝扣板吊顶(包含角线),参考综合单价(含主材、辅材和人工费、损耗):160~170 元/平方米。因为铝扣板造型花纹很多,参考综合单价是长 300 毫米、宽 300 毫米普通样式的铝扣板全包价格。

小贴士

做铝扣板吊顶省钱要点

可以找商家做铝扣板吊顶,也可以找装修公司做。与市场价相比较,选择价格便宜的即可。报价单上工程量可以先写"0"。

6.3 在吊顶上附加工艺

部分装修设计会在吊顶上安装金属嵌条或者线形灯，这就需要木工在吊顶上开槽。

吊顶附加工艺的参考报价

项目	单位	涉及的材料	综合单价（含主材、辅材和人工费、损耗）	工艺说明
吊顶开灯孔	个	开孔器	10元/个	施工工艺：确定开洞位置→开孔器打洞→清理
吊顶直线开槽——金属嵌条、线形灯	米	—	10~20元/米	有曲线带弧度的开槽，每人多加300~400元人工费，材料单价涨50%。施工工艺：安装石膏板时，安装金属嵌条、线形灯等

1. 吊顶直线开槽——金属嵌条、线形灯

吊顶直线开槽，参考综合单价（含主材、辅材和人工费、损耗）：10~20元/米。

2. 吊顶曲线开槽——金属嵌条、线形灯

一般房屋装修，曲线开槽的情况不多。曲线开槽，最多加上人工费每人300~400元，材料单价多50%即可。

窗帘盒、投影幕布盒、检修口等的参考报价

项目	单位	涉及的材料	综合单价（含主材、辅材和人工费、损耗）	工艺说明	注意事项
窗帘盒制作	米	板材、木筋、美固钉、自攻螺丝、黏合剂（环保等级或环保认证）	120~150 元/米	施工工艺：材料预排→参考线放样→轻钢龙骨安装→局部板材衬底→石膏板封面→嵌缝膏填补缝隙→牛皮纸粘贴缝隙	—
投影幕布盒制作	米	板材、木筋、美固钉、自攻螺丝、黏合剂（环保等级或环保认证）	80~100 元/米	施工工艺：材料预排→参考线放样→轻钢龙骨安装→局部板材衬底→石膏板封面→嵌缝膏填补缝隙→牛皮纸粘贴缝隙	—
出风口、回风口、检修口预留	组	板材、木筋、美固钉、自攻螺丝、黏合剂（环保等级或环保认证）	200 元/组	安装中央空调、新风等设备需要此项，包括 1 个出风口、1 个回风口、1 个检修口，算作一组	检修口边缘需要加固

2. 窗帘盒制作

窗帘盒也叫窗帘箱，可以隐藏窗帘的轨道，遮光效果好。窗帘盒制作，参考综合单价（含主材、辅材和人工费、损耗）：120~150 元/米。

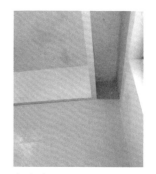

窗帘盒

2. 投影幕布盒制作

投影幕布盒制作，参考综合单价（含主材、辅材和人工费、损耗）：80~100 元 / 米。投影幕布盒通常是在有吊顶的地方预留凹槽，而窗帘盒是单独做个简易吊顶预留。相比而言，投影幕布盒会比窗帘盒便宜。

如果做投影幕布的地方没有吊顶，想做个盒子遮住投影幕布，则价格和窗帘盒一样。

3. 出风口、回风口、检修口

出风口、回风口、检修口预留，一般都是有中央空调、新风等设备才需要做。出风口、回风口、检修口预留，参考综合单价（含主材、辅材和人工费、损耗）：200 元 / 组。

一个中央空调内机 1 个出风口、1 个回风口和 1 个检修口，算作一组。报价上面需要写清楚"1 个出风口、1 个回风口、1 个检修口为一组"，单位也是"组"。避免没写清楚，结算时算成 3 个的情况。

6.5 门套基层

门套安装前需要基层打底，叫作门套基层安装，也叫门套打底。

门套基层安装的参考报价

项目	单位	涉及的材料	综合单价（含主材、辅材和人工费、损耗）	工艺说明	注意事项
门套基层	套	板材、木筋、美固钉、自攻螺丝、黏合剂（环保等级或环保认证）	200~250 元 / 套	包含门框左、右、上三边。施工工艺：材料预排→参考线放样→板材裁切→基层现场制作→清理	—
	米	板材、木筋、美固钉、自攻螺丝、黏合剂（环保等级或环保认证）	60~70 元 / 米	施工工艺：材料预排→参考线放样→板材裁切→基层现场制作→清理	注意起做的米数

1. 门套基层安装——按套算

门套基层安装按套算，参考综合单价（含主材、辅材和人工费、损耗）：200~250元/套。这是一扇门的门框三条边（左、右、上）的价格。

2. 门套基层安装——按米算

按米计算，在价格上会明确很多，参考综合单价（含主材、辅材和人工费、损耗）：60~70元/米。

有些报价表的门套项目设置了底价，如不足5米的按5米计算，这是不合理报价的"坑"。除非业主家只有门套打底，需要用到木工板，其他地方都用不到木工板等板材，可以接受单张板子和人工费的起步价。

6.6 其他木工工程

其他木工工程的参考报价

项目	单位	涉及的材料	综合单价（含主材、辅材和人工费、损耗）	工艺说明	注意事项
护墙板基层安装——木工板	平方米	板材、木筋、美固钉、自攻螺丝、黏合剂（环保等级或环保认证）	150~160元/平方米	材料预排→参考线放样→板材裁切→基层现场制作→清理	报价不全，只报施工费
护墙板基层安装——欧松板	平方米	板材、木筋、美固钉、自攻螺丝、黏合剂（环保等级或环保认证）	180~200元/平方米	材料预排→参考线放样→板材裁切→基层现场制作→清理	

项目	单位	涉及的材料	综合单价（含主材、辅材和人工费、损耗）	工艺说明	注意事项
拱形门洞制作	组	板材、木筋、美固钉、自攻螺丝、黏合剂（环保等级或环保认证）	200 元 / 组	材料预排→参考线放样→轻钢龙骨安装→板材衬底→石膏板封面→嵌缝膏填补缝隙→牛皮纸粘贴缝隙	—
拱形门洞安装	套	—	100 元 / 套	主材业主自购，由乙方安装	
木工现场制作柜体	平方米	板材、铰链	200 元 / 平方米	展开面积计算。施工工艺：材料预排→参考线放样→板材标准裁切→现场制作按图纸施工→清理	工程量写"0"

1. 护墙板基层安装

如果墙面不涂乳胶漆，直接做护墙板，为了使护墙板更贴合墙面，不空鼓，需要做护墙板基层打底。

护墙板基层安装使用木工板打底，参考综合单价（含主材、辅材和人工费、损耗）：150~160 元 / 平方米。

使用欧松板打底价格会贵 30~50 元 / 平方米。

护墙板基层安装——木工板

2. 拱形门洞制作和安装

欧式风格的装修设计可能会涉及拱形门洞。拱形门洞制作（木工板打底，石膏板面层）参考综合单价（含主材、辅材和人工费、损耗）：约 500 元 / 套。如果施工方允许，可以自行购买拱形门洞模板，纯施工费约为 100 元 / 套。

这里有由自行购买拱形门洞模板衍生的"坑"，需要写清楚纯施工费的价格。这是报价不全的"坑"。

3. 木工现场制作柜体

木工现场制作衣柜，俗称"打柜子"。参考综合单价（含主材、辅材和人工费、损耗）：200 元 / 平方米的展开面积。

建议此项工程量写"0"，先不签进合同里，从签订装修合同到打柜子，还有几个月时间可以做功课。木工打柜子，价格并没有比全屋定制便宜很多。主要的差价来自五金，加上木工加工的精细度和封边原因，可以综合考虑后再选择。

护墙板基层安装——欧松板

铺设户外防腐木地板

户外防腐木地板的参考报价

项目	单位	涉及的材料	综合单价（含主材、辅材和人工费、损耗）	工艺说明
户外防腐木地板——地龙骨、格栅安装	平方米	防腐木材专用地龙骨、不锈钢钉	100元/平方米	基层清理→参考线放样→铺设龙骨→铺设防腐木地板→清理→保护
户外防腐木地板铺设	平方米	防腐木材、不锈钢钉	50元/平方米	基层清理→参考线放样→铺设龙骨→铺设防腐木地板→清理→保护

户外防腐木地板——地龙骨、格栅安装，参考综合单价（含主材、辅材和人工费、损耗）：100元/平方米。虽然防腐木多用于户外，但也有部分家庭会用于阳台。

户外防腐木地板铺设，参考综合单价（含主材、辅材和人工费、损耗）：50元/平方米。

铺设户外防腐木地板铺设

地龙骨、格栅安装

木工项目中省钱和避坑要点

省钱——注意处理细节

吊顶转角（斜拉、加固、7 字形石膏板）三重处理，吊顶膨胀螺丝，吊顶自攻螺丝，螺丝防锈处理，石膏板接缝牛皮纸处理。

省钱——工程量暂时不计算

木工打柜子，工程量写"0"。

避坑——禁用建筑胶水

注意各种吊顶、窗帘盒、投影幕布盒、出风口、回风口、检修口、门套基层、护墙板基层、拱形门洞等需要用到黏合剂的地方。

避坑——报价不全

1 个出风口、1 个回风口和 1 个检修口为一组，拱形门洞的只报施工费。

第 7 章
泥瓦项目要点及报价表解读

铺砖简单，铺好看很费钱

淋浴房防水——从底部阻断水汽蔓延很重要

淋浴房止水条、挡水石的参考报价

项目	单位	涉及的材料	综合单价（含主材、辅材和人工费、损耗）	工艺说明	注意事项
淋浴房止水条制作	米	混凝土	70~80 元 / 米	施工工艺：参考线放样→接触新墙的原水泥层凿除→清理基层→支模木板→现浇混凝土止水条	—
淋浴房挡水石预埋	米	水泥、黄砂；人造一等品大理石（花纹可选中国黑、黑金沙、浅啡网、波斯灰、深啡网、黑金花、黑白根、古堡灰、英国棕、云朵拉灰、埃及米黄、爵士白等）	100~200 元 / 米，包含切割、磨边、铺贴、防水等费用	异型、L 形挡水石材价格更高。施工工艺：预埋挡水石→防水处理	天然、人造大理石的等级及图案花纹

1. 淋浴房止水条制作

淋浴房的防水最好是先浇筑一条混凝土止水条，再刷防水涂料，这样可以把淋浴房的水完全隔离。不然的话，时间久了，淋浴房的水汽会在卫生间瓷砖下面漫延到外面过道和墙角，从而导致接触到的门套发霉。

淋浴房止水条制作，参考综合单价（含主材、辅材和人工费、损耗）：70~80 元 / 米。

淋浴房止水条

2. 淋浴房挡水石预埋

装修公司如果做不了止水条，则可以把挡水石先固定，再做防水工程，然后贴瓷砖，也可以避免淋浴房的水漫延到其他地方。

淋浴房挡水石预埋（含人造大理石），参考综合单价（含主材、辅材和人工费、损耗）：100~200元/米。

如果是弧形挡水石，就需要额外加钱。一般使用大理石或者人造石材质的情况较多，可以选择的款式很多，参考报价中只给出了最基础的款式报价。

小贴士

大理石的选择多种多样

大理石可分为天然的和人造的，天然大理石会比人造大理石贵。大理石等级很多，天然大理石分 ABCD 等级，A 为最高等级；人造大理石分一等二等，一等品最高。当前报价有哪些大理石花纹可以选，需要列出来，最好是参考花纹色。

参考报价的价格是人造大理石，包含大理石的切割、磨边等加工费用，也包括大理石铺贴和挡水石要做的防水处理。

7.2 卫生间防水处理——防水务必要做好

卫生间排水防水的参考报价

项目	单位	涉及的材料	综合单价（含主材、辅材和人工费、损耗）	工艺说明	注意事项
异层卫生间排水的防水	平方米	防水涂料、"水不漏"防水砂浆	50~60元/平方米	干区延伸至墙高30厘米以上，洗手区延伸至墙高1.2米以上，淋浴房延伸至墙高1.8米以上。施工工艺：清理基层→墙壁和管道边角用防水砂浆抹平→地面预湿→防水材料搅拌→防水材料横竖各刷一遍，共两遍→防水闭水试验	水不漏防水砂浆走边处理
同层卫生间排水的防水	平方米	防水涂料、回填材料	200元/平方米	干区延伸至墙高30厘米以上，洗手区延伸至墙高1.2米以上，淋浴房延伸至墙高1.8米以上。施工工艺：砸除原有回填→清理基层→墙壁和管道边角用防水砂浆抹平→地面预湿→回填前，做一次防水→闭水实验→回填→清理基层→墙壁和管道边角用防水砂浆抹平→地面预湿→防水材料搅拌→防水材料横竖各刷一遍，共两遍→闭水试验	各种回填材料的价格

1. 异层卫生间排水的防水——能看到楼上的排水管道

异层卫生间排水，在楼下时能看到楼上的排水管道，这种结构只需要做防水即可。

一般淋浴房防水高度需1.8米以上，洗手区防水高度需1.2米以上，其他房间的四周墙面防水高度需高30厘米。如果预算充足，那么卫生间整个区域最好刷到1.8米以上的高度。

异层卫生间排水的防水，参考综合单价（含主材、辅材和人工费、损耗）：50~60元/平方米。

防水工艺，墙壁和管道边角用"水不漏"（也叫"堵漏宝"）防水砂浆先做抹平处理，这样防水效果最好。

边角用防水砂浆抹平

2. 同层卫生间排水的防水——看不到楼下的排水管道

同层卫生间排水，就是从楼下看不到楼上的排水管道。

同层卫生间排水的防水，包含砸掉原有回填层、陶粒或炭渣回填、两次防水，参考综合单价（含主材、辅材和人工费、损耗）：200元/平方米（地面面积）。若卫生间太小，可能会直接收取起步价，例如一个卫生间报价500元。

回填材料需要写明材料。材料不同，对应的价格不同，价格从高到低依次是陶粒、发泡混凝土、炭渣、建筑渣土。如果不确定，可以与施工方协商每种回填材料的价格，等施工时再选择。这是报价不全的"坑"。

7.3 地面界面剂——增加地面黏性

地面界面剂的参考报价

项目	单位	涉及的材料	综合单价（含主材、辅材和人工费、损耗）	工艺说明	注意事项
地面界面剂涂刷（地固）	平方米	地固（环保等级或环保认证）	5~10元/平方米	清理基层→涂刷地面界面剂	禁止使用建筑胶水；界面剂不可提前过早涂刷

地面界面剂又叫地固，用于封闭地面的浮灰，增加地面黏性。参考综合单价（含主材、辅材和人工费、损耗）：5~10 元 / 平方米。

很多装修公司在拆除后就刷墙固、地固，这个工序提前太多，会导致地面、墙面沾满了灰。到做泥瓦工序时又不清理地固、墙固，以至于大大降低了地固和墙固的效果。

7.4 地面找平——为后续施工打好基础

地面找平的参考报价

项目	单位	涉及的材料	综合单价 （含主材、辅材和人工费、损耗）	工艺说明
水泥地坪找平	平方米	水泥、黄砂	60~70 元 / 平方米	厚度不大于 4 厘米的，每超出 1 厘米按照 10 元 / 平方米计算。 施工工艺：清理基层→参考线放样→水泥砂浆搅拌→润湿表面→按要求进行粉平→表面清理→表面收光→养护
水泥自流平	平方米	水泥、黄砂	50~60 元 / 平方米	厚度 1 厘米；在已经平整的地面上，再做一次水泥自流平
地暖找平 （填充材料为瓜子片）	平方米	水泥、黄砂、瓜子片按重量比例为 1：2：3	75~80 元 / 平方米	厚度在 5 厘米以内； 施工工艺：清理基层→参考线放样→水泥、黄砂、瓜子片搅拌→润湿表面→按要求进行粉平→表面清理→表面收光→养护
地暖找平 （填充材料为豆石）	平方米	水泥、黄砂、豆石按重量比例为 1：2：3	85~90 元 / 平方米	厚度在 5 厘米以内； 施工工艺：清理基层→参考线放样→水泥、黄砂、豆石搅拌→润湿表面→按要求进行粉平→表面清理→表面收光→养护

1. 水泥地坪找平——普通找平

水泥地坪找平，也叫地板找平，就是用水泥砂浆回填地面，找平。参考综合单价（含主材、辅材和人工费、损耗）：60~70元/平方米。一般还会有厚度限制：3厘米或4厘米。

2. 水泥自流平——高要求找平

有些地板或地面材料对平整度要求较高，需要在地面找平的基础上，再做一次薄薄的水泥自流平。如果不是直接以水泥自流平作为地面表面，地板或地面材料商家也没有特别要求，那么是不需要做自流平的。如果地面本身没有砸地坪，表面平整，则可以直接做水泥自流平。

水泥自流平，参考综合单价（含主材、辅材和人工费、损耗）：50~60元/平方米，一般厚度在1厘米以内。

有些看似价格低的自流平，实际是因为厚度薄，相同厚度的找平，单价从高到低排序依次是水泥自流平、地暖找平、普通找平。

3. 地暖找平

地暖找平材料需要加入瓜子片或者豆石。使用瓜子片填充材料找平的地暖，参考综合单价（含主材、辅材和人工费、损耗）：75~80元/平方米。使用豆石填充材料找平的地暖，参考综合单价（含主材、辅材和人工费、损耗）：85~90元/平方米。

> **小贴士**
>
> **标清超出厚度的找平价格**
> 需要在报价表上写清楚找平每增加1厘米厚度的价格，避免结算时被漫天要价。这是报价不全的"坑"。

墙面粉刷的参考报价

项目	单位	涉及的材料	综合单价（含主材、辅材和人工费、损耗）	工艺说明	注意事项
墙面粉刷	平方米	水泥、黄砂	50~60 元 / 平方米	厚度不大于 4 厘米，每超出 1 厘米按照 10 元 / 平方米计算。施工工艺：清理基层→参考线放样→水泥砂浆搅拌→润湿表面→按要求进行粉平→阴阳角塑形找直→表面清理→表面收光→养护	垂直平（冲筋打点）的价格

墙面有空鼓的话，拆除时需要拆除墙面的水泥层。在泥瓦工阶段，需要重新用水泥砂浆粉刷墙面。墙面水泥砂浆粉刷，分为顺直顺平和垂直平，参考综合单价（含主材、辅材和人工费、损耗）：50~60 元 / 平方米。

顺直顺平，顺着墙面角度刮平

垂直平，也叫冲筋打点，是纠正原本的歪墙，把墙面做得垂直

本书报价表的参考综合单价，都是顺直顺平的价格。顺直顺平墙体的问题，可能会体现在安装定制柜时，柜子不能完全和墙面贴合，这是因为墙歪了，和柜子没太大关系。

垂直平工艺费时费力，报价较贵。再加上墙体倾斜严重的房子，大多房龄较长，屋顶和墙角水平距离可能相差 5 厘米以上，做了垂直平的墙体，相当于房内墙体厚度增加 5 厘米。花了更多的钱，还损失了价值更高的室内面积。所以，一般业主都选择顺直顺平。

地砖铺设的参考报价

项目	单位	涉及的材料	综合单价（含主材、辅材和人工费、损耗）	工艺说明	注意事项
地砖水泥砂浆垫层	平方米	水泥、黄砂	40~50元/平方米	厚度不大于4厘米，每超出1厘米按照10元/平方米计算。施工工艺：铺地砖前，先将地面水泥砂浆垫层压实	—
地砖铺设—常规砖	平方米	水泥、黄砂	50~70元/平方米	斜铺，多加20~30元/平方米；拼花，200元/平方米起，按难易程度另计；围边人工费增加15元/米，无缝砖20~30元/平方米，重砖黏合剂，需要另加30元/平方米。施工工艺：清理瓷砖→清理地面→材料预排→参考线放样→搅拌水泥砂浆→地面水泥砂浆垫层压实→铺贴瓷砖→粘结敲平→清理→养护	各规格铺贴费用、各种铺法费用、黏合剂费用；非必要情况，不建议升级成黏合剂
地砖铺设—大砖	平方米	水泥、黄砂	120~150元/平方米	施工工艺：清理瓷砖→清理地面→材料预排→参考线放样→搅拌水泥砂浆→地面水泥砂浆垫层压实→铺贴瓷砖→粘结敲平→清理→养护	需考虑瓷砖价格、铺贴和美缝费用；必须按照材料使用说明施工
地砖铺设—小砖	平方米	瓷砖黏合剂	100~120元/平方米	施工工艺：清理瓷砖→清理地面→材料预排→参考线放样→搅拌水泥砂浆→地面水泥砂浆垫层压实→铺贴瓷砖→粘结敲平→清理→养护	

1. 水泥砂浆垫层——地砖铺设前打底

在有些地方的装修公司报价中，铺贴瓷砖是一项费用，但是地面垫高的水泥砂浆，也需要算费用。在地砖铺设前的水泥砂浆垫层，参考综合单价（含主材、辅材和人工费、损耗）：40~50元/平方米。

2. 地砖铺设

常规砖

常规尺寸的砖，长和宽均在 300~600 毫米以内，也有把 800 毫米规格算为常规砖的。参考综合单价（含主材、辅材和人工费、损耗）：50~70 元 / 平方米。

地砖尺寸会影响铺贴的费用，越大的砖和越小的砖，铺贴费越贵。

大砖

砖的长度大于 600 毫米或 800 毫米算大砖。参考综合单价（含主材、辅材和人工费、损耗）：120~150 元 / 平方米。此价格已包含瓷砖黏合剂的费用。

小砖

砖的宽度小于 300 毫米算小砖。地砖铺设小砖，参考综合单价（含主材、辅材和人工费、损耗）：100~120 元 / 平方米。此价格已包含瓷砖黏合剂的费用。

3. 常见的地砖铺设种类

斜铺

斜铺，也就是将瓷砖斜着铺。参考综合单价（含主材、辅材和人工费、损耗）：在铺砖基础上再加 20~30 元 / 平方米。

围边

围边，就是用条形瓷砖做出边框，划分空间。参考综合单价（含主材、辅材和人工费、损耗）：在铺砖基础上再加 15 元 / 平方米。

拼花

拼花，就是用瓷砖拼出图案。参考综合单价（含主材、辅材和人工费、损耗）：200 元 / 平方米起。需要看图案的难易程度，才能确定报价。

斜铺 　　　　　　　　围边 　　　　　　　　拼花

7.7 墙砖铺贴——便宜的瓷砖，铺贴费用更高

在墙砖铺贴前，先介绍一下贴瓷砖的材料，除了使用正常的水泥砂浆，还使用瓷砖黏合剂（瓷砖胶）。

1. 黏性更强的水泥砂浆替代品——瓷砖黏合剂

常规砖都是用水泥砂浆铺贴。瓷砖黏合剂是黏性更强的砂浆类材料。因为黏性强，又被称作瓷砖胶。瓷砖胶固化后，甲醛释放量极低，不用担心甲醛问题。

只要是薄贴，就必须用上瓷砖黏合剂；用上瓷砖黏合剂，施工工艺就必须是薄贴。

瓷砖黏合剂，参考综合单价（含主材、辅材和人工费、损耗）：30 元 / 平方米。

一般情况下，装修公司用的都是 C1 型黏合剂，如果瓷砖规格更大，如边长大于 1200 毫米的瓷砖上墙，需要使用 C2 型或者更高规格的黏合剂。

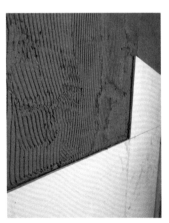

瓷砖薄贴

2. 墙面凿毛或拉毛——太光滑也不好

一般混凝土墙面和做过防水的墙面表面如果过于光滑，吸水率降低，瓷砖就比较难铺贴牢固，这时候需要凿毛或拉毛。

凿毛和拉毛的参考报价

项目	单位	涉及的材料	综合单价（含主材、辅材和人工费、损耗）	工艺说明	注意事项
凿毛	平方米	—	20~30元/平方米	表面光滑的混凝土等墙面，需要做此项目。施工工艺：使用凿子、锤子等，在墙面上凿出小凹坑和不规则的纹理	—
拉毛	平方米	混凝土界面剂	20~30元/平方米	表面光滑的混凝土等墙面，需要做此项目。施工工艺：使用专用拉毛滚筒和混凝土界面剂，进行拉毛	禁止使用建筑胶水

凿毛，通俗说就是在墙面凿出密集的小坑

拉毛，是用墙面涂刷界面剂或拉毛乳液，拉出粗糙颗粒感的纹理

3. 墙砖铺贴

墙砖铺贴和地砖铺贴一样，有些报价中，墙砖铺贴整体会比地砖高 10 元 / 平方米。

4. 瓷砖倒角处理——最好让厂家处理

瓷砖 45° 倒角，可以让厂家做倒角处理，也可以找泥瓦工处理。泥瓦工倒角，可能会导致瓷砖边缘崩坏，会增加瓷砖损耗，损耗由业主承担。

厂家倒角处理，崩边的概率小，崩边的瓷砖会被筛除，损耗由厂家承担。不过倒角的瓷砖，属于加工过的，没法退货。

常规瓷砖倒角，参考综合单价（含主材、辅材和人工费、损耗）：15 元 / 平方米。厂家和泥瓦工的倒角价格差不多。

7.8 一张表讲清楚瓷砖铺贴费用

瓷砖的规格很多，有大砖、小砖、常规砖，地砖铺地、墙砖贴墙、地砖上墙可与黏合剂形成多种组合。我整理了一张表，方便大家理解。表中为建议使用的材料，可以根据自己的需求进行升级或者降级，只要在验收时不空鼓就行。给出的参考综合单价，是已经包含了对应括号中的材料费了。如果有斜铺、围边、拼花等其他铺法，就加上这些费用即可。

瓷砖铺贴的参考报价

项目	小砖 （边长小于300毫米）	常规砖 （各边长均在300~800毫米）	大砖 （边长大于800毫米）	长砖 （750×1500）	超长砖 （900×1300）
地砖铺地	100~120 元 / 平方米（黄砂、水泥）	50~70 元 / 平方米（黄砂、水泥）	120~150 元 / 平方米（黄砂、水泥）	150~170 元 / 平方米（C2 型黏合剂）	190~210 元 / 平方米（C2TES1 黏合剂）
地砖上墙	150~170 元 / 平方米（C2 型黏合剂）	80~100 元 / 平方米（C1 型黏合剂）	150~170 元 / 平方米（C2 型黏合剂）	180~200 元 / 平方米（C2TES1 黏合剂）	220~250 元 / 平方米（C2TES1 黏合剂）
墙砖贴墙	160~180 元 / 平方米（C2 型黏合剂）	90~110 元 / 平方米（C1 型黏合剂）	160~180 元 / 平方米（C2 型黏合剂）	—	—

1. 写全铺贴费用

看着常规砖铺贴便宜，实际大砖或者小砖费用很贵。建议将各种规格瓷砖的铺贴费用都写全，比如常见的小砖规格 100×100、150×150、100×150 等，大砖规格 800×800、600×1200、750×1500 等，地板砖规格 150×800、150×900、200×1000、200×1200 等（单位：毫米），包括自己喜欢小众风格的异型砖，如羽毛砖、鱼鳞砖、六角砖、马赛克砖、面包砖等。这是报价不全的"坑"。

2. 铺贴材料

铺贴材料可能会被全部升级为黏合剂。如果只是需要用水泥砂浆铺贴地砖，就没必要升级用黏合剂。这是恶意增项的"坑"。

3. 禁止在瓷砖胶中掺入水泥

有些工人不看瓷砖胶的使用说明，在瓷砖胶中掺加水泥，导致瓷砖胶效果大大降低。这也是禁止的。

7.9 瓷砖缝隙美容——填缝、美缝

瓷砖缝隙处理大致可以分为三种：普通的瓷砖填缝，大多用白水泥或较普通的填缝剂；瓷砖防霉填缝，使用具有防霉功能的填缝剂；瓷砖美缝，使用防霉防水性能更好也更美观的填缝剂。

瓷砖缝隙美容的参考报价

项目	单位	涉及的材料	综合单价（含主材、辅材和人工费、损耗）	工艺说明	注意事项
瓷砖填缝	平方米	白水泥	5 元 / 平方米	缝宽 3 毫米以内。施工工艺：清理砖缝→填缝剂调制→填缝→修缝→清理→保护。	—
瓷砖防霉填缝	平方米	防霉填缝剂（水泥基填缝）	10 元 / 平方米	要求：表面平整，无明显沙眼残缺	—

项目	单位	涉及的材料	综合单价（含主材、辅材和人工费、损耗）	工艺说明	注意事项
瓷砖美缝	平方米	原材料美缝	30~40 元 / 平方米	缝宽 3 毫米以内。施工工艺：清理砖缝→美缝剂调制→美缝→修缝→清理→保护。要求：表面平整，无明显沙眼残缺；光滑平整，无明显黑边	注意小砖美缝价格
	米	原材料美缝	8~15 元 / 米		

1. 瓷砖填缝

瓷砖填缝，参考综合单价（含主材、辅材和人工费、损耗）：5 元 / 平方米。一般使用白水泥，缺点是很容易发霉脱落。

2. 瓷砖防霉填缝

瓷砖防霉填缝，参考综合单价（含主材、辅材和人工费、损耗）：10 元 / 平方米。一般是水泥基填缝，比白水泥更密实，防霉效果更好。如果不做美缝的话，可以做这类防霉填缝。

3. 瓷砖美缝

瓷砖美缝，参考综合单价（含主材、辅材和人工费、损耗）：小砖 30~40 元 / 平方米，大砖 8~15 元 / 米。大砖按米算划算，小砖按平方米算划算。

①标清小规格瓷砖的美缝费用

报价表需要写清楚小规格瓷砖的美缝费用，避免结算时需要单独加钱。这是报价不全的"坑"。

②可单独找商家做美缝

可以找商家做美缝。报价表中各规格瓷砖的美缝价格应写清楚，但是工程量写"0"，后期可以和外面商家比较价格选择合适的方式。

7.10 石材铺贴

石材铺贴、切角的参考报价

项目	单位	涉及的材料	综合单价（含主材、辅材和人工费、损耗）	工艺说明	注意事项
门槛石铺贴	米	水泥、黄砂；大理石	200 元/米	宽度不大于30厘米；包含切割、磨边、铺贴、防水等费用。施工工艺：清理大理石→地面清理→材料预排→参考线放样→拌制水泥砂浆→地面找平层压实→铺贴门槛石→粘结敲平→清理砖缝→清理→养护→涂刷防水	标清天然大理石、人造大理石的等级和花纹
	米	水泥、黄砂；大理石	300~400 元/米	宽度在30~70厘米；包含切割、磨边、铺贴、防水等费用。施工工艺：清理大理石→地面清理→材料预排→参考线放样→拌制水泥砂浆→地面找平层压实→铺贴门槛石→粘结敲平→清理砖缝→清理→养护→涂刷防水	

项目	单位	涉及的材料	综合单价（含主材、辅材和人工费、损耗）	工艺说明	注意事项
窗台石铺贴	米	水泥、黄砂；大理石	200~300 元 / 米	宽度不大于 30 厘米；包含切割、磨边、铺贴、防水等费用。施工工艺：清理大理石→清理窗台→材料预排→参考线放样→拌制水泥砂浆→铺贴窗台石→粘结敲平→清理砖缝→清理→养护	—
大理石切角	米	瓷砖切割机	10~20 元 / 米	使用瓷砖切割机切角	—

1. 门槛石铺贴

门槛石也叫过门石。门槛石一般铺在卫生间和厨房瓷砖地面与过道的交接处。

门槛石铺贴包含门槛石，参考综合单价（含主材、辅材和人工费、损耗）：宽度30 厘米以内的，200 元 / 米；宽度在 30~70 厘米之间的，300~400 元 / 米。

门槛石和挡水石，多选用大理石或者人造石，可以选择的款式很多，本书只列出最基础的款式报价。

2. 窗台石铺贴

窗台石有装饰窗户台面的作用。窗台石铺贴（含窗台石磨边），参考综合单价（含主材、辅材和人工费、损耗）：宽度 30 厘米以内的，200~300 元 / 米；宽度在 30~70 厘米的，400~500 元 / 米。

因为窗台石需要磨边，所以价格会高一点。如果将磨边单独报价的话，窗台石和门槛石价格是一样的。

3. 大理石切角

有些门槛石或窗台石会超出门框或窗台，这种情况就需要切角。大理石切角，参考综合单价（含主材、辅材和人工费、损耗）：10~20 元 / 米。也有部分报价表中的门槛石和窗台石铺贴包含大理石切角的费用。

泥瓦项目省钱和避坑要点

省钱——注意处理细节

防水需要用"水不漏"防水砂浆走边处理；下沉式卫生间各种回填材料的价格；墙固、地固不可提前太长时间涂刷；阳角墙砖才需要倒角。

省钱——不必升级材料

铺贴瓷砖时，铺贴材料非必要不升级成黏合剂。

避坑——使用材料

禁止使用建筑胶水的"坑"：地固、贴瓷砖、贴门槛石和窗台石等大理石，都禁止使用建筑胶水。

避坑——报价不全

标清水泥砂浆找平、水泥自流平、瓜子片找平、豆石找平厚度每增加 1 厘米的价格。

避坑——写清大理石的规格

注明大理石是天然的还是人造的，是哪种等级的，有哪些花纹可选。

避坑——减项漏算

注意防盗门水泥砂浆填充的费用。

第 8 章

油漆项目要点及报价表解读

刷墙和美妆一样

8.1 界面剂——增加墙面、地面黏性

界面剂是刷在墙面、地面的一种材料，可以封闭基层工艺，增加表面黏性。根据作用的对象，可以分为地面界面剂（地固）、墙面界面剂（墙固）、混凝土界面剂。墙固涂刷，参考综合单价（含主材、辅材和人工费、损耗）：5~10 元 / 平方米。

下表中的封胶打底，实际操作中请记得将建筑打底升级为成品的界面剂。

墙固涂刷的参考报价

项目	单位	涉及的材料	综合单价（含主材、辅材和人工费、损耗）	工艺说明	注意事项
墙面界面剂涂刷（墙固）	平方米	界面剂（环保等级或环保认证）	5~10 元 / 平方米	清理基层→涂刷墙面界面剂	禁止使用建筑胶水
墙面打底封胶	平方米	黏合剂、滚筒	5 元 / 平方米	—	

8.2 墙面网布处理——抗"皱纹"，不防"骨折"

铺贴网布是可以防止墙面裂纹的，不过只能防墙面的细小裂纹，无法防止房屋沉降导致的墙体大裂纹。

墙面网布的参考报价

项目	单位	涉及的材料	综合单价（含主材、辅材和人工费、损耗）	工艺说明	注意事项
墙面网布处理	平方米	网布、黏合剂（环保等级或环保认证）	18 元 / 平方米	施工工艺：裁切网布→黏合剂错缝粘结或压接网布。 要求：网布应垂直错缝铺装，错缝搭接处宽度不小于 150 毫米	禁止使用建筑胶水；网布漏报；报价不全，网布价格，不做网布是否有墙面质保。写上网布单价和总价，工程量写"0"
墙面的确良布处理	平方米	美纹纸、绷带、的确良布、黏合剂（环保等级或环保认证）	23 元 / 平方米	施工工艺：裁切的确良布→黏合剂错缝粘结或压接的确良布→局部用绷带加固。 要求：网布应垂直错缝铺装，错缝搭接处宽度不小于 150 毫米	

1. 墙面网布处理

墙面网布处理，参考综合单价（含主材、辅材和人工费、损耗）：18 元 / 平方米。最好用白胶粘结网布，也有用腻子粘结的。网布不贵，但是多一遍白胶或者腻子，这个费用比网布高。

2. 墙面的确良布处理

墙面的确良布处理，参考综合单价（含主材、辅材和人工费、损耗）：23 元 / 平方米。的确良布材料价格比网布高一些。这类工艺也称为"墙面防裂处理"。

小贴士

①墙面质保问题

报价表中没有写网布的价格，但到施工时，工长却会说不贴网布无法质保墙面。因此，报价表上要写清楚贴不贴网布是否影响墙面质保。

②将网布价格写进合同，灵活增减报价

要让装修公司把网布综合单价写清楚，并算出总价，写在报价表上，但工程量写"0"。在筛选装修公司的时候，可以用网布的总价进行对比；如果后期有增项，那么可以考虑是否做网布。

8.3 腻子批嵌——"粉底"，打造好的基底

腻子分为自调腻子和成品腻子。自调腻子是用滑石粉和建筑胶水现场调和的。因为建筑胶水甲醛释放量大，所以千万不要用自调腻子。只要出现滑石粉和建筑胶水两者中的一个，就可以确定为自调腻子。

成品腻子是工厂生产的，被运输到工地，只需要加水即可调和。有些成品腻子环保等级能达到和乳胶漆一样的级别，成品腻子的环保性和性能，都远好于自调腻子，所以建议选用成品腻子。

涂刷腻子的专业用词叫作"批嵌"，俗称"刮大白"。一般腻子是批嵌两次，加打磨砂光。如果墙面平整度、垂直度误差太大，会用粉刷石膏或找平腻子先粗找平一遍，再用腻子批嵌两次，总共三次。

墙面批刮腻子的参考报价

项目	单位	涉及的材料	综合单价（含主材、辅材和人工费、损耗）	工艺说明	注意事项
墙面粗找平	平方米	粉刷石膏或找平腻子（环保等级或环保认证）	18元/平方米	用于墙面、顶面平整度不好的地方。施工工艺：清理基层→批刮粉刷石膏或找平腻子→找平	
墙面粗找平、网布处理	平方米	网布、黏合剂（环保等级或环保认证）；粉刷石膏或找平腻子（环保等级或环保认证）	30~35元/平方米	施工工艺：裁切网布→黏合剂错缝粘结或压接网布层→批刮粉刷石膏或找平腻子→找平。要求：网布应垂直错缝铺装，错缝搭接处宽度不小于150毫米	禁止使用建筑胶水
普通成品腻子批嵌	平方米	成品腻子（环保等级或环保认证）、绷带、砂皮、砂架	25~30元/平方米	腻子找平方式：顺直顺平、垂直平（冲筋找平）；顺直顺平施工工艺：清理基层→护角条安装→批刮成品腻子两遍→打磨砂纸→清理	腻子批嵌是否包含护角条费用
耐水成品腻子批嵌	平方米	耐水成品腻子（环保等级或环保认证）、绷带、砂皮、砂架	32~36元/平方米	腻子找平方式：顺直顺平、垂直平（冲筋找平）；顺直顺平施工工艺：清理基层→护角条安装→批刮耐水成品腻子两遍→打磨砂纸→清理	

1. 墙面粗找平——先修大的不平整处

当墙面初始平整度、垂直度误差太大时，需要先做一次粗找平。一般使用粉刷石膏，用腻子也可以。

墙面粗找平，参考综合单价（含主材、辅材和人工费、损耗）：18元/平方米。也有把粗找平和网布一起报价的。

2. 普通成品腻子批嵌

一般情况下，用普通成品腻子即可。

普通成品腻子批嵌（两次批嵌＋打磨砂光），参考综合单价（含主材、辅材和人工费、损耗）：25~30元/平方米。

3. 耐水成品腻子批嵌

在比较潮湿的地方，比如沿海、沿河、多雨的城市，以及正常湿度城市的三楼以下，卫生间、地下室需要用耐水成品腻子。

耐水成品腻子批嵌（两次批嵌、打磨砂光），参考综合单价（含主材、辅材和人工费、损耗）：32~36元/平方米。

小贴士

禁止使用自调腻子，因为自调腻子会用到建筑胶水，而腻子批嵌的面积极大，甲醛污染严重。

8.4 护角条——墙角更垂直、更有型

护角条在批嵌腻子时用于墙面的阴阳角处，这样可以把墙角批嵌得更垂直。墙面护角条，参考综合单价（含主材、辅材和人工费、损耗）：3元/米；或者全屋总计300~500元/项。

护角条的参考报价

项目	单位	涉及的材料	综合单价（含主材、辅材和人工费、损耗）	工艺说明	注意事项
墙面护角条	米	PVC专用阴阳角护角条、嵌缝膏（环保等级或环保认证）	3元/米	施工工艺：在批嵌腻子时安装护角条	禁止使用建筑胶水；报价中是否包含护角条
	项		300~500元/项	建议一口价。施工工艺：在批嵌腻子时安装护角条	禁止使用建筑胶水

8.5 乳胶漆

乳胶漆的参考报价

项目	单位	涉及的材料	综合单价（含主材、辅材和人工费、损耗）	工艺说明	注意事项
乳胶漆滚涂（不包含乳胶漆）	平方米	滚筒、美纹纸、毛巾、羊毛刷	12元/平方米	"一底两面"滚涂。每户限三种颜色，超三种每种颜色加收150元或160元，若喷涂，人工费增加5元/平方米。主材损耗为16%~30%，采用其他漆则按实调整主材价，深色涂料调色费另计，颜色越深，费用越高	禁止使用建筑胶水。是否包含护角条

项目	单位	涉及的材料	综合单价（含主材、辅材和人工费、损耗）	工艺说明	注意事项
乳胶漆滚涂（包含乳胶漆）	平方米	乳胶漆（环保等级或环保认证）、滚筒、美纹纸、毛巾、羊毛刷	28 元 / 平方米	包含乳胶漆项目的材料和施工等一切费用。施工工艺：清理基层→乳胶漆底漆滚涂 1 遍→刷乳胶漆面漆 1 遍→安装地板、木门、全屋定制后→修补磕碰磨损处→乳胶漆面漆滚涂 1 遍→清理	乳胶漆的费用和涂刷费用分开报价，主材的工程量写"0"；乳胶漆调色数量限制，写清乳胶漆品牌型号和环保等级
乳胶漆喷涂（不包含乳胶漆）	平方米	喷枪、保护膜、美纹纸、羊毛刷	15~18 元 / 平方米	清理基层→乳胶漆底漆涂 1 遍→刷乳胶漆面漆 1 遍→安装地板、木门、全屋定制后→修补磕碰磨损处→乳胶漆面漆滚涂 1 遍→清理	
防水乳胶漆滚涂（不包含乳胶漆）	平方米	滚筒、美纹纸、毛巾、羊毛刷	12 元 / 平方米	清理基层→乳胶漆底漆喷涂 1 遍→刷乳胶漆面漆 1 遍→安装地板、木门、全屋定制后→对家具做保护→修补磕碰磨损处→乳胶漆面漆喷涂 1 遍→清理	

1. 乳胶漆滚涂

乳胶漆涂刷是一次底漆、两次面漆，俗称"一底两面"。一般情况，都是用滚涂涂刷乳胶漆。一般会限制调色数量为三种，业主需要注意。

乳胶漆滚涂（不含乳胶漆），参考综合单价（含主材、辅材和人工费、损耗）：12元 / 平方米。

很多报价会把乳胶漆和涂刷费用合算在一起，最好把乳胶漆的主材费用和涂刷费用分开报价。把乳胶漆主材的工程量写"0"，因为有些装修公司的乳胶漆价格是远高于市场价格的；等到施工时，业主想自购乳胶漆，需要付 20% 或 30% 的违约金。加上违约金后，自购就不划算了。

2. 乳胶漆喷涂

一般乳胶漆默认是滚涂，如果墙面造型特别丰富，那么最好采用喷涂的方式，效果更均匀，覆盖更全面。乳胶漆喷涂（不含乳胶漆），参考综合单价（含主材、辅材和人工费、损耗）：15~18元/平方米。一般喷涂比滚涂价格高3~6元/平方米，乳胶漆损耗也会大很多。

3. 防水乳胶漆

防水乳胶漆，一般用在没封窗的阳台，或者选择乳胶漆墙面的卫生间。防水乳胶漆滚涂（不含乳胶漆），参考综合单价（含主材、辅材和人工费、损耗）：12元/平方米。防水乳胶漆和普通乳胶漆的施工费用是一样的，但乳胶漆价格是不同的。

专栏7

油漆项目中省钱和避坑要点

省钱——主材分开报价

写上网布的单价和总价，工程量写"0"；乳胶漆的主材费用和涂刷费用分开报价，主材的工程量写"0"。

省钱——乳胶漆调色数量

乳胶漆调色数量限制；如果包含乳胶漆，需写清品牌型号和环保等级。

避坑——禁止使用建筑胶水

墙固、网布、的确良布、粗找平、腻子批嵌、护角条、石膏线、墙纸基膜等步骤禁止使用建筑胶水。

避坑——墙面问题

不做网布，要确认是否有墙面质保；腻子批嵌时是否包含护角条费用。

第 9 章

安装项目要点及
报价表解读

小项目也要不少钱

9.1 燃气管安装

燃气管需要有燃气改造资质的燃气公司安装。燃气管安装，参考综合单价（含主材、辅材和人工费、损耗）：50~100 元 / 米。燃气管安装的差价很大，而且同个城市，不同的燃气管安装方差价很大，不同城市，差异也很大。

燃气管安装的参考报价

项目	单位	涉及的材料	综合单价（含主材、辅材和人工费、损耗）	工艺说明
燃气管安装	米	燃气管（包含所有配件）	50~100 元 / 米	燃气公司安装
	套	燃气管（包含所有配件）	500 元 / 套	燃气公司安装

9.2 排气管安装

排气管指的是卫生间换气扇的排气管、厨房油烟机的排气管。排气管安装，参考综合单价（含主材、辅材和人工费、损耗）：45 元 / 根。

一般铝扣板吊顶或者抽油烟机商家能做排气管，装修公司很少报这个项目。下表为参考价格，方便大家了解。

排气管安装的参考报价

项目	单位	涉及的材料	综合单价（含主材、辅材和人工费、损耗）	工艺说明	注意事项
排气管安装	根	塑料或金属管	45 元 / 根	一般用于厨房抽油烟机和卫生间排气扇；包含打孔	所有安装项目打包按工时费计算；墙体打洞找水电工，玻璃打孔找窗户商家

玻璃打孔找专业的工人，效果更好

如果是墙体打洞，那就在水电阶段找水电工来做。如果是在玻璃上打洞，找窗户商家来操作会更专业一些。

9.3 坐便器安装

坐便器安装的参考报价

项目	单位	涉及的材料	综合单价（含主材、辅材和人工费、损耗）	工艺说明	注意事项
普通坐便器安装	个	法兰圈（也叫密封圈或垫片）、防霉硅胶（环保等级或环保认证）、生料带	100元/个	业主自购主材，乙方现场安装到位；包含基础辅料。智能坐便器可能厂家包安装	所有安装项目打包按工时费计算；提前问清楚需要自购的材料
壁挂坐便器安装	个	法兰圈、防霉硅胶（环保等级或环保认证）、生料带	200~300元/个	不包含水箱及支架等预埋件安装，由厂家负责安装	所有安装项目打包按工时费计算

1. 普通坐便器安装

普通坐便器安装，参考综合单价（含主材、辅材和人工费、损耗）：100元/个，不包含坐便器移位费用。

这个参考价格包含了法兰圈的费用，为30~50元/个。如果是比较贵的坐便器安装报价，需要写清楚法兰圈的品牌。

智能坐便器可能商家会负责安装，结算时要记得把坐便器安装做减项。

2. 壁挂坐便器安装

墙挂坐便器也叫壁排水坐便器，其水箱是隐藏在墙里面的。水箱安装和坐便器安装，很多时候会收两次钱。参考综合单价（含主材、辅材和人工费、损耗）：200~300元/个。

最好是安排壁挂坐便器商家来安装，以避免安装失误。那样如果失误，就肯定是坐便器商家全责，无法推脱。

9.4 厨卫安装——打包价更划算

厨卫空间还有很多其他的安装项目，如台盆龙头安装、不锈钢水槽安装、淋浴柜安装、浴缸安装、龙头花洒安装、三角阀安装等。所有安装，包括坐便器、厨卫五金、开关面板的安装，整体价格超过1000元时，可以谈个打包价，具体可以根据工时费来计算。一个工人500元/天，整体安装差不多需要2~3个工人，也就是1000~1500元。打包计算会便宜大几百元。

要看清楚或者问清楚哪些材料需要自购，避免安装时再临时跑去买材料。

厨卫安装的参考报价

项目	单位	涉及的材料	综合单价（含主材、辅材和人工费、损耗）	工艺说明	注意事项
标准地漏安装	个	地漏	25元/个	主材业主自购，乙方施工；	所有安装项目打包按工时费计算
长条形地漏安装	个	防霉硅胶（环保等级或环保认证）、生料带	100~200元/个	主材业主自购，乙方施工	
浴缸安装	个	防霉硅胶（环保等级或环保认证）、生料带	260元/个	主材业主自购，乙方施工	
台盆安装	件	硅胶	60元/件	主材业主自购，乙方安装；包含水槽开孔	
台盆龙头安装	件	防霉硅胶（环保等级或环保认证）、生料带	30元/件	主材业主自购，乙方安装；包含水槽开孔	
安装不锈钢水槽+龙头	套	防霉硅胶（环保等级或环保认证）、生料带	80元/套	主材业主自购，乙方安装；包含水槽开孔	
淋浴柜安装	件	防霉硅胶（环保等级或环保认证）	60元/件	主材业主自购，乙方安装；包含水槽开孔	
配套下水管件	套	卫浴配套下水配件	10元/套	排水PVC下水管及管件、出水外接等安装	—
安装波纹管	根	—	10元/根	主材洁具自带	
三角阀安装	个	不锈钢软管、生料带	25元/个	主材业主自购，乙方施工	所有安装项目打包按工时费计算
花洒安装	套	防霉硅胶（环保等级或环保认证）、生料带	50元/套	主材业主自购，乙方施工	
卫浴五金挂件	套	防霉硅胶（环保等级或环保认证）	75元/套	主材业主自购，乙方安装；包含打孔和膨胀螺丝	

9.5 收边打胶

收边打胶即对各类材料拼接缝隙做打胶处理。参考综合单价（含主材、辅材和人工费、损耗）：100~200 元/项。

收边打胶的报价低，可能是因为装修公司只做比较基础的打胶工程，比如坐便器、台盆、台面的打胶。踢脚线、柜体和墙面、门套和墙面的打胶费用，一般不包含在内，业主可以自己购买收边胶，按工时给工人结算施工费。

专栏 8

安装项目中省钱和避坑要点

省钱——谈打包价

所有安装类项目可以按工时打包谈价，价格更划算。

省钱——商家包安装

安装玻璃的商家负责玻璃打孔；安装坐便器时，商家也包安装。

省钱——自购更便宜

问清楚安装阶段需要业主自购哪些材料，提前买好。

避坑——材料报价不全

注意标清坐便器法兰圈的费用。

第 10 章
其他费用要点及报价表解读

合理报价范围可接受，拒绝过高报价

其他附加费用的参考报价

项目	单位	涉及的材料	综合单价（含主材、辅材和人工费、损耗）	工艺说明	注意事项
竣工保洁	平方米	保洁验收表	8 元 / 平方米	开荒保洁、精细保洁、保洁范围	工程量写"0"
材料二次搬运	平方米	—	8~10 元 / 平方米	仅搬运业主购买的材料	—
成品保护	平方米	专用保护套、专用保护膜、保护盖板	8~10 元 / 平方米；使用石膏板 30 元 / 平方米	—	装修公司借机宣传，可沟通价格

1. 竣工保洁

　　竣工保洁分开荒保洁和精细保洁。参考综合单价（含主材、辅材和人工费、损耗）：8 元 / 平方米。

　　自己在外面找保洁，可直接去掉此项目，保洁效果满意了才付钱，不用担心保洁服务不到位。

2. 材料二次搬运

　　材料二次搬运指的是电线、水管、水泥、黄砂等材料的搬运。半包基装材料二次搬运，参考综合单价（含主材、辅材和人工费、损耗）：8~10 元 / 平方米。

　　装修费用里大多数都包含了搬运费。如果费用太高，则需要沟通一下价格。

3. 成品保护

成品保护是指施工后对各项目做的保护措施，避免磕碰。参考综合单价（含主材、辅材和人工费、损耗）：8~10 元/平方米。如果要用石膏板保护地面，则再加 30 元/平方米。

需要问清楚成品保护做到什么程度，同样的报价，有些公司可能只是贴一层保护膜，最容易磕碰的墙面阳角却没有保护。

很多装修公司的成品保护材料都是带公司标志的，可以起到宣传作用。建议问清楚成品保护是否带公司标志，带公司标志的能减免多少费用。

10.2 装修公司的附加费用

装修公司附加费用的参考报价

项目	单位	涉及的材料	综合单价（含主材、辅材和人工费、损耗）	工艺说明	注意事项
中央空调及新风施工协调	平方米	保洁验收表	8 元/平方米	若选择装修公司合作品牌的供应商，则免收配套施工费	—
智能系统施工协调	项	—	600 元/项		
设计费	—	—	—	—	免费设计的定金不退
管理费	平方米	—	80~200 元/平方米	50 平方米起算	可沟通价格

1. 中央空调、新风、地暖及水处理、智能系统施工协调

中央空调及新风、地暖及水处理、智能系统施工协调等费用可以都去掉，因为管理费中都是包含这些协调的费用的。

2. 设计费

设计费一般按 50 元 / 平方米起计算。很多装修公司都会用"免费设计"的口号进行宣传，实际收取 4000~5000 元的定金，才画效果图和施工图。如果确定让这家装修公司施工，那么设计费免费；否则定金不退，这种情况应该将定金归为设计费。

3. 管理费

管理费是项目管理的费用，一般在 80~200 元 / 平方米，或者按报价的 8%~15% 收取。装修公司规模越大，管理费越高。另外，别墅管理费也会比平层住宅贵；小户型住宅的管理费可能会按照最低的起算面积来收取。业主可与装修公司沟通谈价，一般把管理费谈到整个报价的 5%~10% 比较合理。

第 11 章
装修合同要点解读

报价表只是装修合同的附件

11.1 装修项目信息

装修公司一般选用各省市市场监督管理局的装修合同模板。但我结合自己亲身经历，重新拟定了这套施工合同和设计合同。和普通合同相比，有四大好处：

（1）违约处罚条款明确。合同中写清了常规的违约条款，对违约金的利息作了约定。

（2）判断违约清晰。很多情况到法院起诉难以判断，需要第三方鉴定机构鉴定，这里需要多花一笔钱并投入更多的时间。这份合同尽量都采用清晰的判断规则，免去了多数情况下需要第三方鉴定机构介入的环节。

（3）这份合同是站在消费者立场写的，消费者的权益更易于得到保证。

（4）这份合同是完全攻略，几乎包含了所有装修施工的条款。想在普通合同中增加哪些方面或补充哪些具体条款，在本合同中都可以找到。

1. 装修公司的信息要全面 （见装修施工合同第 1 页）

合同中，业主应要求装修公司将各类信息全部写入合同条款。其他相关的资料，例如营业执照、法人身份证的正反面须复印，放入附件中。

这样在装修过程中万一出现增项或者不满意的情况，业主可以根据这些相关信息去起诉。如果被告（装修公司）的信息不全，就需要委托律师查询相关信息，又要花费几百元甚至上千元。

2. 项目信息要全面

 装修方式确定好（见装修手工合同第 1.5 款）

全包装修方式是"包工包料"，半包装修方式是"部分承包"，清包装修方式是"清包"。

 装修工期写具体（见装修施工合同第 1.6 款）

在一些装修合同中，装修时间会写成"施工为 90 个工作日"，如果业主不细看，会误认为是 3 个月完工。其实不是，因为多数情况下一周工作日为 5 天，需减去法定节假日的天数。自然日一周有 7 天，90 个工作日一般是 126 个自然日，而且真要追究工期延误的话，还需要减去放假天数。这相当麻烦，不如直接写竣工日期，一目了然。

 装修报价要准确（见装修施工合同第 1.7 款）

要根据现场情况和设计图纸，充分考量装修公司制定的报价表。有些装修公司会故意漏报项目，导致装修报价低，在装修过程中进行增项加价。为了避免发生这种情况，我们可以明确约定变更和增减项目的唯一依据是图纸变更，即图纸没有变更，不产生增项，并且约定增项的上限价格为该项目的 5%。

已确定的《装修预算报价表》一定要盖章后，加在合同附件中。

11.2　装修责任划分

1. 装修公司和施工方的责任要明确（见装修施工合同第 2.6 款）

需明确并约定施工方的项目经理或工长所有行为，均由装修公司承担。也有装修公司的项目经理是自家公司的。那样的话，他会全权代表装修公司，这是毫无疑问的。项目经理或工长出现错误施工情况，由装修公司承担相关责任，这是合情合理的。

2. 装修工人居住问题（见装修施工合同第 2.8 款）

需明确并约定工人是否住在工地，若工人不住工地是否有其他费用。有些装修公司的工人会住在工地，但是一些装修公司都没有提前告知业主。等业主拒绝工人住在工地时，就会产生补贴工人每月的住宿补助费用。所以要提前在合同中写明，工人住不住工地，不住工地的话，需要增加多少费用。建议写清楚房屋周边单间卧室的租房费用。

3. 避免使用外包人员（见装修施工合同第 2.9 款）

需明确并约定项目经理和施工工人是否为装修公司员工。

业主跟装修公司签单，装修公司将项目分包给项目经理。有业主误认为，有些装修公司的"自家项目经理""自有工人"是公司的员工，不是分包，实际上装修公司还是会把项目分包给项目经理。

11.3 装修材料供应

1. 业主自购材料

 明确材料管理费（见装修施工合同第 3.1 款）

需明确并约定业主自购的材料保管问题，以及保管费问题。

一些装修公司会额外收取总报价的 10%~20% 作为管理费。业主购买的材料、设备等，未经业主的同意，装修公司或施工方不得擅自挪作他用或以其他材料替换。

 明确损坏赔偿问题（见装修施工合同第 3.2 款）

需明确并约定业主自购材料丢失等问题的赔偿细则，以及施工方不给赔偿的问题。先约定好，万一真发生了材料丢失的情况，可避免互相推卸责任。

2. 装修公司或施工方自带材料

 验收材料（见装修施工合同第 3.3、3.6 款）

需明确并约定施工方有责任检查所有材料是否合规。

装修公司或施工方提供的材料、设备，质量必须符合国家标准，有质量检验合格证明，同时，必须符合国家环保标准。一些装修合同写的是"业主验收超时，默认材料合格"，这是不合理的。

 明确违约责任（见装修施工合同第 3.4 款）

需明确并约定装修公司或施工方的材料责任。装修公司或施工方不仅要承担返工的责任，返工的材料费、人工费也应承担，还要保证工期不变。

 有些项目可取消或减少（见装修施工合同第 3.7、3.8 款）

需明确并约定项目可以取消或减少，不过需要在材料进场验收之前。

签施工合同时，部分业主还不懂装修，在这种情况下，会有一部分项目是实际不需要的。所以，业主需要一定的反悔空间，但要承担相应责任。

11.4 工程质量及验收

1. 验收标准 （见装修施工合同第 4.2 款）

需明确并约定验收标准，以及补充验收标准。

有些装修公司的验收标准没有单独形成验收表单等文件，只说"应符合国家标准"。出现问题的时候，业主还得查询国家标准的相关规定，有些规定还需要参考一些地方标准。

2. 验收合格后，可施工，并逐页签字确认 （见装修施工合同第 4.7 款）

需明确并约定必须验收合格后，才能进行后续施工。应在每页图纸标注经手人员的姓名。

3. 验收不合格，可提前入住 （见装修施工合同第 4.7、4.8 款）

需明确并约定因为施工方原因而没有竣工验收，业主是可以提前入住的。

有的装修合同写的是"甲方提前使用房屋或入住，视为竣工验收通过"，这是不合理的。装修公司或施工方在整改时故意拖延时间，或整改七八次都无法通过验收，而业主有特殊情况，比如作为婚房着急用，才会住进半成品的房屋中。结果却被违约的装修公司或施工方以此作为把柄，整改不好，导致验收不合格。

4. 确定质保年限 （见装修施工合同第 4.10 款）

需明确并约定保修范围和期限。一般来说整体装修免费质保 2 年，防水工程免费质保 5 年，水、电等隐蔽工程免费质保 5 年。

有些装修公司说"质保终身"，但都是口头承诺，应体现在合同里。水管安装是厂家安装的，很多厂家对于水管的质保是 50 年，施工方转手分包，质保就变成 2~5 年。花的钱差不多，质保却缩水了，这非常不合理。

5. 找专业的环境空气检测机构 （见装修施工合同第 4.11、4.12 款）

有些装修合同上会写"验收时，室内空气质量发生争议的，应当申请由相关行政主管部门认可的专业检测机构进行检测认定；相关费用由申请方垫付，最终由责任方承担"。一定要写清楚专业的检测机构名称。

甲醛检测时间需要注意：在竣工时，选择全包的业主不要搬进自己购买的家具，应立即找专业机构来检测甲醛、总挥发性有机化合物（TVOC）的释放量；在批刮完腻子时，选择半包的业主就找专业机构来检测。这两个阶段，所有材料都是装修公司提供的，检测出来的环境空气质量如果超标，那么责任好划分。

11.5 安全生产和规范施工

1. 明确施工事故责任方 （见装修施工合同第 5.1 款）

装修公司或施工方在装修施工中应采取必要的安全防护和消防等措施，保障装修施工人员及邻居的安全。装修施工过程中，装修施工人员或导致邻居等人员发生意外，均为装修公司或施工方管理失职，所有责任均由装修公司或施工方承担，业主不承担任何责任。

2. 严格按照材料的施工工艺进行施工 （见装修施工合同第 5.4 款）

有些工人不按材料的使用说明施工，导致材料性能降低和外观效果达不到目标要求。有些甚至是业主买了昂贵的材料，而工人按照自己的方式进行施工，导致业主浪费几千元甚至上万元的费用。

11.6 支付方式

1. 装修款按比例分次支付 （见装修施工合同第 6.1 款）

建议付款比例为 3：3：3：1，也就是第一次支付总报价的 30%，第二次支付总报价的 30%，第三次支付总报价的 30%，尾款为 10%。当然尾款越多越好。建议尾款付款时间为通过验收后 30 天之内。

装修时尾款不是竣工立马付钱，而是验收过后多少天，时间越久越好，不过也要在施工方接受范围内。

2. 尽量留多尾款 （见装修施工合同第 6.1 款）

现在有些装修公司的付款比例会在第一次和第二次就支付总报价的 80%，甚至第一次就支付总报价的 95%。装修公司收这么多钱，又不马上结算给项目经理，看到这些"跑路付款比例"，可以直接不选择这家装修公司。

11.7 双方义务

1. 业主的义务

🖌 装修不可违反相关要求（见装修施工合同第 7.1 款）

在装修时，业主不可提出违反相关规定的要求，进行公共区域或者影响小区外观的改造。否则，可扣除装修押金并让业主承担相应的责任。

一般物业扣款都是装修公司施工不规范导致的。

需明确并约定装修押金的支付方，以及装修押金被处罚或没收的部分可直接在尾款扣除。不过实际多数是装修公司垫付的。

在施工时，协调邻里关系（见装修施工合同第 7.2 款）

只有在施工方规范施工的前提下，业主才配合协调邻里关系。需明确并约定不可抗力因素，以政府的发文为准。受邻居和物业的影响导致的停工，不算不可抗力，停工时间也会算进施工方的工期延误中。装修公司操作不规范，从而导致物业和邻居受到影响，业主没必要进行相关的协调。

2. 装修公司的义务

装修公司承担装修期间的水电费用［见装修施工合同第 7.2 款（3）］

需明确并约定装修公司承担装修期间的水电费用，这样可促使施工方节约用水用电。具体的金额可按照平层户型每月 100 元、别墅户型按照每月 200 元计算，例如"100×工期月数（平层）；200× 工期月数（别墅）"。要在合同中填写算出来的具体金额，避免纠纷。

办理装修开工手续［见装修施工合同第 7.3 款（1）］

需明确并约定施工方办理开工手续，以及违约责任，有些装修合同是约定业主办理开工手续的。但是其中 90% 的资料文件都由施工方提供，所以还是装修公司主动办理开工手续较为合理。

11.8 违约责任

1. 验收不合格，给予业主赔偿

整改不合格，延期交房（见装修施工合同第 8.1、8.2 款）

需明确并约定业主验收不合格，装修公司是可以有一次机会进行整改的。只有 10 天整改期。整改之后不合格，导致装修交房延期，给予业主延期的赔偿金。具体金额，可根据附近精装修房屋的日租金或总报价的 0.3% 来进行填写，违约金要写明是按每天赔付。例如总报价为 15 万元，那么延期赔偿金填写为 450 元 / 天。

一些装修合同的延期赔偿金是 50 元 / 天，这对于新装修的房子，是很低的价格。不把延期赔偿价格提高，装修公司根本不会把工期放在心上。

🖌 **环境空气检测不达标**（见装修施工合同第 8.5 款）

装修公司提供的所有材料需达到"装完即住"的环保标准。如果检测机构检测出超标，装修公司应承担其检测费用，并以装修合同总报价的 2~3 倍赔偿给业主，装修公司必须在 5 个工作日内结清全额赔偿款。否则，装修公司将支付赔偿款利息。

2. 设计图纸的所有权 （见装修施工合同第 8.6 款）

需明确并约定设计图纸的所有权以及违约责任。如果业主支付设计费，则设计图纸的所有权归业主所有。未经业主允许，装修公司不得将设计图纸转发给第三人。如果业主未支付设计费，那么设计图纸所有权归装修公司所有，未经装修公司允许，业主私自发布装修公司设计的图纸和房屋的照片用作商用，视为侵权行为，需赔偿装修公司。

一般的设计合同都没有明确设计的著作权，但是有些设计可能涉及业主隐私，业主并没有注意。

3. 解除合同 （见装修施工合同第 10 款）

需明确并约定双方解除合同的违约金。在装修施工过程中，任何一方均可提出终止合同的要求，必须向另一方以书面形式提出，经双方同意办理清算手续，仅需结算验收通过的装修施工项目和为装修而采购、定制产品的相关费用，并订立终止合同协议，由违约方以结算项目金额的 40%~50% 赔偿。

业主解除合同的概率比较小，因为按照合同的约定，不管是整改不合格、延期交房，还是环境空气检查不达标，这些都是装修公司的责任，需要承担巨额的赔偿金，以此来约束装修公司。

11.9 附件内容

1. 乙方证件复印件

如果乙方是公司，需要营业执照的正反面和法人身份证的正反面复印件；如果乙方是个人，需要身份证的正反面复印件。这些证件资料，起诉时会用到。

2. 装修预算报价表

报价表一定要加到附件里面。

3. 验收表

验收表也非常重要。这是我们判断施工是否合格的标准，也是判断是否违约的简易规则。

4. 其他附件

如项目变更单、工程结算单、质保卡等，有些也会加入附件。

5. 附件均需要盖章

附件和合同正文需要盖骑缝章，或是每页盖章、签字。

专栏 9

签订合同时需注意的要点

维权——乙方信息要全面

营业执照和身份证正反面需要拍照，以备维权或起诉时使用。

无增项——详细明确无增项的范围

很多合同说是封闭式合同，但是没有详细明确范围。实际中还会出现许多增项，并且难以辨别责任方。建议合同中把水、电、燃气、管道、楼（地）面、墙面等全部列入，只要乙方增项，就是他们的责任。

权益——乙方责任要远多于甲方

业主是甲方，付费给乙方。乙方的责任相应地会多于甲方。

罚款——违约责任

延期赔偿很重要，因为工期超时很容易辨别。

解约——增加合理解约方式

缺少合理解约方式的话，可能甲方会被坑，还要倒赔乙方费用。

第 12 章

设计合同要点解读

设计图纸内容、服务范围要明确

12.1 选对设计师

1. 明确项目负责人

需明确并约定该项目主设计师人选，以及设计师的所有行为及后果均由装修公司承担，避免出现问题后装修公司不认账，将责任推卸给他人。

2. 选择有经验的设计师

需明确主设计师的设计经验和生活经验。没有设计经验的设计师需要成长，没有生活经验的设计师设计的房屋多数实用性不强。尤其是负责跟进现场的落地设计师，一定要经验丰富。一些落地设计师实际是设计助理，设计经验不足，根本无法应对项目繁多且复杂的工地现场。

12.2 设计流程及费用

1. 量房及出图时间

需明确测量时间和初步设计方案内容及初稿时间。尽量避免使用"×× 个自然日或工作日"，直接约定具体测量和初稿日期，可以避免纠纷。

不同设计公司或者设计工作室，对于初步设计方案的定义都不一样：有些设计机构的初步设计方案只有原始房型测量图和平面布局图，有些设计机构的初步设计方案还有顶面和地面布局图，甚至效果图。

具体初稿出哪些图，这些需要明确，避免在初稿阶段看不到自己想要的图纸。

2. 约定图纸内容

需明确全套设计图纸包含哪些设计图。全套图纸需要根据平面方案来深化。因为平面方案肯定需要修改，至于平面方案什么时候修改通过，一是取决于设计师捕捉业主需求的能力，二是取决于业主的想法有无变化。不好直接确定做好平面方案终稿的时间。

全套设计施工图纸包含的内容，需要提前明确。最好是在前期对比设计方案时，就加入出图范围的对比。

3. 设计费

🖌 设计费打折问题

如果设计费打折，就需要在设计合同上写明。有些装修公司的设计费打折，要在施工款中扣除。对比这类"施工费扣除设计折扣"的设计师，应该用原价对比同等价位的设计师。施工报价时，需明确是属于设计优惠还是施工优惠，应减去设计折扣金额。

🖌 按阶段付钱，更能保护业主权益

业主可以将设计费按比例分为三次付款，第一笔首期款或订金，第二笔设计二期款，第三笔尾款，建议付款比例为 3 : 6 : 1。

一般来说，装修行业大多是先付钱，再服务。能在全套设计图纸完成后，再付一笔尾款的情况更好，只是有的设计师不一定接受。如果业主觉得设计师现场跟进的基础次数不够，另外要求设计师到现场跟进，可能设计师会要求另外付跟进费用。

12.3 图纸修改和现场交底

1. 设计图纸修改次数

需明确修改图纸次数。部分设计师会限制图纸修改，提前知晓会更好。如果说是"设计到满意为止"，就可能是无数次设计，这样会耽误工期，影响业主的装修工期。

2. 设计师到施工现场的次数

需明确设计师到施工现场的次数。如果设计师只管效果图好看，不到现场跟进施工，那么实际装修完毕和效果图的还原度就不敢保证。建议普通装修，设计师到场 10 次以上；大平层、别墅和高要求装修，设计师到场 25 次以上。因为拆除、新砌、水电、泥瓦、木作、油漆的交底和验收等工序，都需要重视。不过只能约定设计师到施工现场的次数，约定不了质量。

3. 明确施工交底负责人

需明确施工交底的负责人是谁。主导施工交底的可以是设计师、施工方、监理，但是一定不能是业主，为什么花钱请了人，还要自己协调呢？

有些设计合同会写"业主主导施工交底"或"业主组织施工交底"，但是不写设计方或施工方的职责。这种给业主安排工作的条款都要去掉。

12.4 设计师的责任

1. 准时交付图纸，并符合相关规范

需明确并约定设计师应准时交付图纸，交付的图纸应符合各项规范。

2. 了解施工工艺

需明确并约定如果用了复杂工艺或新兴工艺，设计师必须提供详细的工艺示意图，并且跟进落地。

3. 陪同业主进行主材购买

需明确并约定设计师应该提供主材陪同购买服务。设计师不和业主一起挑选主材，设计落地效果是无法保证的。陪购的商场和店铺由业主指定。设计师代购的主材价格高，需业主补差价，假一赔三，并由设计师协调沟通售后问题。

4. 及时回复并解答业主问题

需明确并约定设计师回复业主的时间。设计师应该按业主预算设计，并承担超出预算的责任。

5. 承担设计失误责任

需明确并约定设计师设计失误应该怎么处理。确定更换设计师的方式，以及必须提供的证明。

致谢

广大的业主朋友，装修报价表和施工合同是装修避坑的第一步。后续还有施工验收和建材采购等几十个项目，稍不注意就会踩坑翻车。

本书来来回回、反反复复修改了一年才和大家见面，正是因为我们想以严谨的态度完成这部作品。

最终这本书面世，离不开编辑团队的努力，他们从读者的视角并结合出版规范提出了一些专业的建议。

还要特别感谢我的好友——任传杰，他在上海审核装修合同和报价表多年，看过不少于 8000 份的装修报价表，陪同业主与 300 家以上的装修公司谈判过。他为我提供了许多目前市面上报价表中的参考价格，回答了很多细枝末节的冷门问题，并把书稿从头至尾从专业角度审读了两遍。

大家对于本书有什么想法和建议，或者有关装修经验和问题，可以关注我的公众号：装修幼儿园，与我联系或交流。

最后，真诚希望大家装修少踩坑。

阿进